★ ★ ★
"十三五"
国家重点出版物出版规划项目

ISCRI
INTERNATIONAL SMART CITY RESEARCH INSTITUTE
国际智慧城市研究院
中国生产力促进中心协会
国际智慧城市研究院

智慧城市实践系列丛书

智慧消防实践

SMART FIRE-FIGHTING PRACTICE

主　编　王文利　杨顺清
副主编　冯永华

U0247367

人民邮电出版社
北　京

图书在版编目（CIP）数据

智慧消防实践 / 王文利, 杨顺清主编. -- 北京：
人民邮电出版社, 2020.7（2023.12 重印）
（智慧城市实践系列丛书）
ISBN 978-7-115-54159-8

Ⅰ. ①智… Ⅱ. ①王… ②杨… Ⅲ. ①火灾自动报警
②防火—自动控制系统 Ⅳ. ①TU998.1

中国版本图书馆CIP数据核字(2020)第093699号

内 容 提 要

本书从大数据时代的智慧消防谈起，展示了智慧消防领域的国内外建设成果，强调了国家关于智慧消防建设的思路，探索了智慧消防实践的方向。本书分两篇，共6章。第一篇是理论篇，首先介绍了智慧消防的理论、特征、服务对象及业务内容；接着介绍了大数据、物联网、地理信息系统、虚拟现实技术、区块链技术在智慧消防领域的应用。第二篇是路径篇，分别介绍了智慧消防的监控管理、楼宇智能消防系统、数字化灭火救援预案系统的建设、智慧消防应急指挥系统的建设等。

本书适合智慧消防建设的政府管理者、企业管理者、相关专业的研究人员和学生参考，也可供对智慧消防感兴趣的人士阅读。

◆ 主　　编　王文利　杨顺清
　　副 主 编　冯永华
　　责任编辑　李　静
　　责任印制　彭志环
◆ 人民邮电出版社出版发行　　北京市丰台区成寿寺路 11 号
　　邮编　100164　　电子邮件　315@ptpress.com.cn
　　网址　https://www.ptpress.com.cn
　　北京七彩京通数码快印有限公司印刷
◆ 开本：700×1000　1/16
　　印张：13.5　　　　　　　　　2020 年 7 月第 1 版
　　字数：261 千字　　　　　　　2023 年 12 月北京第 9 次印刷

定价：98.00 元
读者服务热线：(010) 81055493　　印装质量热线：(010) 81055316
反盗版热线：(010) 81055315
广告经营许可证：京东市监广登字 20170147 号

智慧城市实践系列丛书

编 委 会

申长江　　中国生产力促进中心协会常务副理事长、秘书长

聂梅生　　全联房地产商会创会会长

郑效敏　　中华环保联合会粤港澳大湾区工作机构主任

乔恒利　　深圳市建筑工务署署长

杜灿生　　天安数码城集团总裁

陶一桃　　深圳大学一带一路国际合作发展（深圳）研究院院长

曲　建　　中国（深圳）综合开发研究院副院长

胡　芳　　华为技术有限公司中国区智慧城市业务总裁

邹　超　　中国建筑第四工程局有限公司副总经理

张　嘉　　中国建筑第四工程局有限公司海外部副总经理

张运平　　华润置地润地康养（深圳）产业发展有限公司常务副总经理

熊勇军　　中铁十局集团城市轨道交通工程有限公司总经理

孔　鹏　　清华大学建筑可持续住区研究中心（CSC）联合主任

熊　榆　　英国萨里大学商学院讲席教授

林　熹　　哈尔滨工业大学材料基因与大数据研究院副院长

张　玲　　哈尔滨工程大学出版社社长兼深圳海洋研究院筹建办主任

吕　珍　　粤阳投资控股（深圳）有限责任公司董事长

晏绪飞　　深圳龙源精造建设集团有限公司董事长

黄泽伟　　深圳市英唐智能控制股份有限公司副董事长

李　榕　　深圳市质量协会执行会长

赵京良　　深圳市联合人工智能产业控股公司董事长

赵文戈　　深圳文华清水建筑工程有限公司董事长

余承富　　深圳市大拿科技有限公司董事长

冯丽萍　　日本益田市网络智慧城市创造协会顾问

杨　名　　浩鲸云计算科技股份有限公司首席运营官

李恒芳　　瑞图生态股份公司董事长、中国建筑砌块协会副理事长

朱小萍　　深圳衡佳投资集团有限公司董事长

李新传　　深圳市综合交通设计研究院有限公司董事长

刘智君　　深圳市誉佳创业投资有限公司董事长

何伟强　　上海派溯智能科技有限公司董事长兼总经理

黄凌峰　　深圳市东维丰电子科技股份有限公司董事长

杜光东　　深圳市盛路物联通讯技术有限公司董事长

何唯平　　深圳海川实业股份有限公司董事长

中国生产力促进中心协会策划、组织编写了《智慧城市实践系列丛书》（以下简称《丛书》），该《丛书》入选了原国家新闻出版广电总局的"十三五"国家重点出版物出版规划项目，这是一件很有价值和意义的好事。

智慧城市的建设和发展是我国的国家战略。国家"十三五"规划指出："要发展一批中心城市，强化区域服务功能，支持绿色城市、智慧城市、森林城市建设和城际基础设施互联互通"。中共中央、国务院印发的《国家新型城镇化规划（2014—2020年）》以及国家发展和改革委员会、工业和信息化部、科技部等八部委印发的《关于促进智慧城市健康发展的指导意见》均体现出中国政府对智慧城市建设和发展在政策层面的支持。

《智慧城市实践系列丛书》聚合了国内外大量的智慧城市建设与智慧产业案例，由中国生产力促进中心协会等机构组织国内外近300位来自高校、研究机构、企业的专家共同编撰。该《丛书》注重智慧城市与智慧产业的顶层设计研究，注重实践案例的剖析和应用分析，注重国内外智慧城市建设与智慧产业发展成果的比较和应用参考。《丛书》还注重相关领域新的管理经验并编制了前沿性的分类评价体系，这是一次大胆的尝试和有益的探索。该《丛书》是一套全面、系统地诠释智慧城市建设与智慧产业发展的图书。我期望这套《丛书》的出版可以为推进中国智慧城市建设和智慧产业发展，促进智慧城市领域的国际交流，切实推进行业研究以及指导实践起到积极的作用。

中国生产力促进中心协会以该《丛书》的编撰为基础，专门搭建了"智慧城市研究院"平台，将智慧城市建设与智慧产业发展的专家资源聚集在平台上，持续推动对智慧城市建设与智慧产业的研究，为社会不断贡献成果，这也是一件十分值得鼓励的好事。我期望中国生产力促进中心协会通过持续不断的努力，将该平台建设成为在中国具有广泛影响力的智慧城市研究和实践的智库平台。

"城市让生活更美好，智慧让城市更幸福"，期望《丛书》的编著者"不忘初心，以人为本"，坚守严谨、求实、高效和前瞻的原则，在智慧城市的规划建设实践中，不断总结经验，坚持真理，修正错误，进一步完善《丛书》的内容，努力扩大其影响力，为中国智慧城市建设及智慧产业的发展贡献力量，也为"中国梦"增添一抹亮丽的色彩。

中国科学院院士
科技部原部长

中国正成为世界经济中的技术和生态方面的领导者。中国的领导人以极其睿智的目光和思想布局着全球发展战略。《智慧城市实践系列丛书》(以下简称《丛书》)以中国国家"十三五"规划的重点研究成果的方式出版,这项工程填补了世界范围内的智慧城市研究的空白,也是探索和指导智慧城市与产业实践的一个先导行动。本《丛书》的出版体现了编著者、中国生产力促进中心协会以及国际智慧城市研究院的强有力的智慧洞见。

中国为了保持在国际市场的蓬勃发展和竞争能力,必须加快步伐跟上这场席卷全球的行动。这一行动便是被称作"智慧城市进化"的行动。中国政府和技术研发与实践者已经开始了有关城市的变革,不然就有落后于其他国家的风险。

发展中国智慧城市的目的是促进经济发展,改善环境质量和民众的生活质量。建设智慧城市的目标只有通过建立适当的基础设施才能实现。基础设施的建设可基于"融合和替代"的解决方案。

中国成为智慧国家的一个重要因素是加大国有与私有企业之间的合作。其都须有共同的目标,以减少碳排放。一旦合作成功,民众的生活质量和幸福程度将得到很大的提升。

我对该《丛书》的编著者极为赞赏,他们包括国际智慧城市研究院院长吴红辉先生及其团队、中国生产力促进中心协会的隆晨先生。通过该《丛书》的发行,所有的城市都将拥有一套协同工作的基础,从而实现更低的碳排放、更低的基础设施总成本以及更低的能源消耗,拥有更清洁的环境。更重要的是,该《丛书》还将成为智慧产业及技术发展可参考的理论依据以及从业者可以借鉴的范本。

未来，中国将跨越经济、环境和社会的界限，成为一个智慧国家。

上述努力会让中国以一种更完善的方式发展，最终的结果是国家不断繁荣，中国民众的生活水平不断提升。中国将是世界上所有想要更美好生活的国家所参照的"灯塔"。

迈克尔·侯德曼

IEEE/ISO/IEC－21451－工作组成员

UPnP+－IoT，云和数据模型特别工作组成员

SRII－全球领导力董事会成员

IPC-2-17－数据连接工厂委员会成员

CYTIOT 公司创始人兼首席执行官

随着全球化的发展，新一代人工智能、5G、区块链、大数据、云计算、物联网等技术正改变着我们的工作及生活方式，大量的智能终端已应用于人类社会的各个场景。虽然"智慧城市"的概念提出已有很多年，但作为城市发展的未来形式，"智慧城市"面临的问题仍然不少，但最重要的是，我们如何将这种新技术与人类社会实际场景有效地结合起来。

从传统理解上看，人们认为利用数字化技术解决公共问题是政府机构或者公共部门的责任，但实际情况并不尽然。虽然政府机构及公共部门是近七成智慧化应用的真正拥有者，但这些应用近六成的原始投资来源于企业或私营部门，可见，地方政府完全不需要自己主导提供每一种应用和服务。目前，许多城市采用了构建系统生态的方法，通过政府引导以及企业或私营部门合作投资的方式，共同开发智慧化应用创新解决方案。

打造智慧城市最重要的动力来自政府管理者的强大意愿，政府和公共部门可以思考在哪些领域适当地留出空间，为企业或其他私营部门提供创新的余地。合作方越多，应用的使用范围就越广，数据的使用也会更有创意，从而带来更高的效益。

与此同时，智慧解决方案也正悄然地改变着城市基础设施运行的经济模式，促使管理部门对包括政务、民生、环境、公共安全、城市交通、废弃物管理等在内的城市基本服务提供方式进行重新思考。对企业而言，打造智慧城市无疑为其创造了新的机遇。因此，很多城市的多个行业已经逐步开始实施智慧化的解决方案，变革现有的产品和服务方式。比如，药店连锁企业开始变身成为远程医药提供商，而房地产开发商开始将自动化系统、传感器、出行方案等整合到其物业管理系统中，形成智慧社区。

未来的城市

智慧城市将基础设施和新技术结合在一起，以改善人们的生活质量，并加强他

们与城市环境的互动。但是，如何整合与有效利用公共交通、空气质量和能源生产等数据以使城市更高效有序地运行呢？

5G 时代的到来，高带宽与物联网（IoT）的融合，都将为城市运行提供更好的解决方案。作为智慧技术之一，物联网使各种对象和实体能够通过互联网相互通信。通过创建能够进行智能交互的对象网络，各行业开启了广泛的技术创新，这有助于改善政务、民生、环境、公共安全、城市交通、能源、废弃物管理等方面的情况。

通过提供更多能够跨平台通信的技术，物联网可以生成更多数据，有助于改善日常生活的各个方面。

效率和灵活性

通过建设公共基础设施，智慧城市助力城市高效运行。巴塞罗那通过在整座城市实施的光纤网络中采用智能技术，提供支持物联网的免费高速 Wi-Fi。通过整合智慧水务、照明和停车管理，巴塞罗那节省了 7500 万欧元的城市资金，并在智慧技术领域创造了 47000 个新的工作岗位。

荷兰已在阿姆斯特丹测试了基于物联网的基础设施的使用情况，其基础设施根据实时数据监测和调整交通流量、能源使用和公共安全情况。与此同时，在美国，波士顿和巴尔的摩等主要城市已经部署了智能垃圾桶，这些垃圾桶可以提示可填充的程度，并为卫生工作者确定最有效的路线。

物联网为愿意实施智慧技术的城市带来了机遇，大大提高了城市的运营效率。此外，各高校也在最大限度地发挥综合智能技术的影响力。大学本质上是一座"微型城市"，通常拥有自己的交通系统、小企业以及学生，这使其成为完美的试验场。智慧教育将极大地提高学校老师与学生的互动能力、学校的管理者与教师的互动效率，并增强学生与校园基础设施互动的友好性。在校园里，您的手机或智能手表可以提醒您课程的情况以及如何到达教室，为您提供关于从图书馆借来的书籍截止日期的最新信息，并告知您将要逾期。虽然与全球各个城市实践相比，这些似乎只是些小改进，但它们可以帮助需要智慧化建设的城市形成未来发展的蓝图。

未来的发展

随着智慧技术的不断发展和城市中心的扩展，两者的联系将更加紧密。例如，美国、日本、英国都计划将智慧技术整合到未来的城市开发中，并使用大数据技术来完善、升级国家的基础设施。

　　非常欣喜地看到，来自中国的智慧城市研究团队，在吴红辉院长的带领下，正不断努力，总结各行业的智慧化应用，为未来智慧城市的发展提供经验。非常感谢他们卓有成效的努力，希望智慧城市的发展，为我们带来更低碳、安全、便利、友好的生活模式！

中村修二　2014 年诺贝尔物理学奖得主

近年来，随着社会经济的快速发展，城市消防安全工作也面临着前所未有的挑战，传统消防管理模式与新形势、新任务不相适应的矛盾日益凸显。值得关注的是，随着大数据、云计算、物联网等前沿技术的不断成熟，其应用范围也越来越广泛，已经深入社会经济发展的各个层面和领域，正在推动和引发新一轮的社会变革，在此背景下，智慧消防应运而生。自 2017 年 1 月 19 日公安部召开 "2017年消防工作会议" 以来，围绕 "智慧消防" 这一主题，国家频频出台各种举措推动 "智慧消防" 的建设。各级政府对消防的重视程度不断提高，消防监管体系的逐步完善，社会公众安全意识的提高，都为消防行业的发展创造了有利条件，消防行业面临良好的发展机遇。

智慧消防（又称智能消防）是智慧城市建设公共安全领域中不可或缺的部分，是智慧城市建设的突破口和亮点，是物联网、云计算等新一代信息技术在消防领域的高度集成和综合应用。随着人们生活质量的提高，装修、装饰逐步高档化，电器设备逐渐增多，高层及超高层建筑的增加以及商场超市等群众聚集场所规模的迅速扩大，消防安全的重要性越来越突出。

随着大数据、云计算、物联网、地理信息系统、人工智能、虚拟现实、区块链等技术的发展和应用，尤其是当今的 "云计算＋大数据＋物联网＋" 一体化的建设不断推进，结合低碳环保等新一代信息技术的发展，"智慧消防" 成为各类消防设备产品的生产厂商、消防设备及设施的供应商、消防解决方案提供商的建设发展目标。

基于此，我们从理论、政策、专业及实用性、实操性几个方面着手编写了《智慧消防实践》一书，供从事智慧消防实践的产品生产厂商、消防设备及设施供应商、智慧消防解决方案提供商、相关从业人员、企业负责人认真阅读和参考使用。

本书分两篇6章，第一篇是理论篇、第二篇是路径篇。第一篇讲述了智慧消防的基本概念和智慧消防的支撑技术，第二篇讲述了智慧消防的监控管理、智能楼宇消防系统、数字化灭火救援预案系统、智慧消防应急指挥系统的建设。全书把智慧消防的实践理论和具体实施通过流程、图、表形式呈现，讲解通俗易懂，读者可以快速掌握重点。通过阅读本书，读者会切身体会智慧消防建设构成的方方面面和国内、外智慧消防的建设成果，以及我国在智慧消防领域的努力方向及建设思路。

建设智慧消防的政府管理者阅读本书，能系统、全面地了解如何设计智慧消防的架构、系统规划和实现途径。

建设智慧消防的企业及方案提供商、设备供应商的管理者阅读本书可以更系统地了解如何落实智慧消防的实际应用，最有效实施智慧消防的规划。

智慧城市与智慧消防的研究者阅读本书可以系统地了解智慧城市各个领域以及建设智慧消防的最新实践成果。

智慧城市、智慧消防相关专业的大学生、研究生阅读本书可以系统学习智慧消防的知识体系及目前国内、外智慧消防应用的最新动态。

本书在编辑整理的过程中，获得了职业院校、智慧消防实践的产品生产厂商、智慧消防设备及设施供应商、智慧消防解决方案提供商的一线工作人员的帮助和支持，在此对他们的付出表示感谢！同时，由于编者水平有限，加之时间仓促，错误疏漏之处在所难免，敬请读者批评指正。

同时，本书的部分图片与文字内容引自互联网媒体，由于时间比较紧，未能一一与原作者进行联系，请原作者看到本书后及时与编者联系，以便表示感谢并支付稿酬。

第一篇　理论篇

第1章　智慧消防概述 ··· 3

1.1　智慧消防的基本概念 ··· 4

1.1.1　智慧消防的具体体现 ··· 4

1.1.2　传统消防与智慧消防的比较 ····································· 5

1.2　智慧消防的基本特征 ··· 8

1.3　智慧消防建设的意义 ··· 9

第2章　智慧消防的支撑技术 ··· 11

2.1　大数据与云计算技术 ··· 12

2.1.1　大数据技术的相关概念 ··· 12

2.1.2　云计算的相关概念 ··· 13

2.1.3　大数据与云计算的辩证关系 ····································· 18

2.1.4　大数据与云计算在消防中的应用 ······························· 19

2.1.5　大数据、云计算在消防工作中的现实意义 ······················ 20

2.2　物联网技术 ·· 22

2.2.1 物联网的相关概念 ·· 22

2.2.2 物联网的体系结构 ·· 22

2.2.3 物联网的关键技术 ·· 24

2.2.4 物联网技术在智慧消防中的应用 ··· 25

2.3 地理信息系统 ··· **29**

2.3.1 地理信息系统的概念 ··· 29

2.3.2 GIS在消防决策中的应用 ·· 30

2.3.3 GIS在消防通信指挥中的应用 ··· 32

2.3.4 GIS在灭火作战中的实际应用情况 ··· 33

2.4 虚拟现实技术 ··· **34**

2.4.1 虚拟现实技术的概念 ··· 34

2.4.2 虚拟现实技术在消防领域中的实际应用 ································· 35

2.5 区块链技术 ··· **37**

2.5.1 区块链技术的概念 ··· 37

2.5.2 区块链技术在消防安全中的应用 ··· 37

第二篇　路径篇

第3章　智慧消防监控管理 ·· **41**

3.1 城市消防远程监控系统的要求 ··· **42**

3.1.1 消防远程监控系统的结构及设计原则 ····································· 42

3.1.2 消防远程监控系统的功能要求 ·· 43

3.2 智慧消防监控系统运作流程 ··· **50**

3.2.1 火警监控与灭火救援联动流程 ·· 50

3.2.2 巡检查岗流程 ·· 51

3.2.3　消防维保服务流程 ·· 52

3.2.4　消防设施维护管理作业流程 ································· 53

3.2.5　消防监督检查作业流程 ·· 54

3.3　监控管理中心设计 ·· **55**

3.3.1　监控管理中心的核心硬件平台 ···························· 55

3.3.2　监控管理中心的应用系统 ···································· 56

3.3.3　监控管理中心的客户端接入系统 ·························· 57

3.3.4　监控管理中心的通信接口服务系统 ······················ 59

3.4　消防物联网综合管理系统 ·· **60**

3.4.1　消防远程监控平台的功能 ···································· 60

3.4.2　维保智能服务平台的功能 ···································· 65

3.4.3　消防维护管理平台的功能 ···································· 67

3.4.4　消防监督管理平台的功能 ···································· 68

3.4.5　联网用户服务平台的功能 ···································· 71

3.4.6　用户信息管理平台的功能 ···································· 72

3.4.7　中心配置管理平台的功能 ···································· 73

3.4.8　消防手机终端 ··· 74

3.4.9　综合统计和查询功能 ·· 76

3.4.10　消防设施自动巡检 ·· 77

3.5　消防视频监控和管理系统 ·· **79**

3.5.1　基本功能的要求 ·· 79

3.5.2　视频监控管理系统的要求 ···································· 79

3.6　消防安全管理信息系统 ·· **80**

3.7　消防地理信息系统 ·· **81**

3.7.1　消防地理信息系统的定义 ···································· 81

3.7.2　消防地理信息系统的组成 ···································· 82

3.7.3　消防地理信息系统的建设要求 ······························ 83

3.8　智慧消火栓监控系统 ·· **85**

3.8.1　建设智慧消火栓监控系统的必要性 ······················ 85

3.8.2 智慧消火栓监控系统的组成 86

3.8.3 智慧消火栓监控系统的架构 86

3.8.4 智慧消火栓监控系统应实现的功能 87

3.8.5 智慧消火栓系统的扩展应用 88

3.8.6 智慧消火栓监控管理系统软件 91

3.9 电气火灾监控系统的建设 91

3.9.1 电气火灾和电气火灾监控系统 91

3.9.2 电气火灾监控系统的功能和特点 92

3.9.3 电气火灾监控系统的应用价值 92

3.9.4 电气火灾监控系统的选型 93

3.10 独立式感烟监测系统 95

3.10.1 独立式感烟监测系统应实现的功能 96

3.10.2 独立式感烟监测系统应用场景 96

第4章 智能楼宇消防系统 97

4.1 智能楼宇消防系统简介 98

4.1.1 对消防系统的要求 98

4.1.2 何谓智能楼宇消防系统 98

4.1.3 智能楼宇消防系统的基本工作原理 100

4.2 火灾探测器的选用及维护 101

4.2.1 室内火灾的发展特征 101

4.2.2 火灾探测器的分类 104

4.2.3 火灾探测器的选择 107

4.2.4 火灾探测器的设置 110

4.3 火灾报警控制器 112

4.3.1 火灾报警控制器的组成 112

4.3.2 火灾报警控制器的类型 113

4.3.3 火灾报警控制器的主要技术性能 115

4.3.4 火灾报警控制器及警报装置选择 116

4.4 火灾自动报警系统的设计 116

4.4.1　区域报警系统 ··· 117

4.4.2　集中报警系统 ··· 117

4.4.3　控制中心报警系统 ··· 118

4.5　消防联动控制 ·· **118**

4.5.1　消防联动控制系统 ··· 119

4.5.2　各系统的联动 ··· 120

4.5.3　消防系统的智能化 ··· 124

4.5.4　智能消防系统与设备自动化系统的联网 ····························· 125

4.6　消防控制室 ·· **126**

4.6.1　消防控制室的适用条件 ··· 126

4.6.2　消防控制室的位置选择 ··· 126

4.6.3　消防控制室的面积要求 ··· 126

4.6.4　消防系统的管理、维护要求 ··· 127

第5章　数字化灭火救援预案系统 ·· **129**

5.1　数字化灭火救援预案系统概述 ··· **130**

5.1.1　数字化灭火救援预案的定义 ··· 130

5.1.2　数字化灭火救援预案系统的应用前景 ··································· 130

5.2　数字化灭火救援预案的编制 ··· **131**

5.2.1　数字化灭火救援预案的内容 ··· 131

5.2.2　数字化灭火救援预案的设计思路 ··· 131

5.2.3　数字化灭火救援预案的内容结构 ··· 133

5.2.4　数字化灭火救援预案的编制步骤 ··· 134

5.3　数字化灭火救援预案平台的建设 ·· **139**

5.3.1　建设数字化灭火救援预案平台的必要性 ································ 139

5.3.2　数字化灭火救援预案平台的设计 ··· 140

5.3.3　数字化灭火救援预案平台的实现 ··· 142

第6章 智慧消防应急指挥系统 ··· **145**

6.1 消防指挥中心的信息化建设 ··· 146

6.1.1 消防指挥中心信息化建设的基本特征 ······················· 146

6.1.2 加强消防指挥中心信息化建设的对策 ······················· 147

6.2 消防应急指挥系统的类型和整体架构 ····························· 150

6.2.1 消防应急指挥系统的类型 ······································· 150

6.2.2 消防应急指挥系统的整体架构 ································· 151

6.3 消防应急指挥系统的功能及主要性能要求 ······················· 151

6.3.1 基本功能 ·· 151

6.3.2 系统接口 ·· 152

6.3.3 主要性能 ·· 152

6.3.4 系统安全 ·· 153

6.4 消防应急指挥系统的子系统的功能及其设计要求 ··············· 154

6.4.1 火警受理子系统 ··· 154

6.4.2 跨区域调度指挥子系统 ··· 157

6.4.3 现场指挥子系统 ··· 159

6.4.4 指挥模拟训练子系统 ·· 162

6.4.5 消防图像管理子系统 ·· 162

6.4.6 消防车辆管理子系统 ·· 163

6.4.7 消防指挥决策支持子系统 ······································· 164

6.4.8 指挥信息管理子系统 ·· 165

6.4.9 消防地理信息子系统 ·· 166

6.4.10 消防信息显示子系统 ··· 169

6.4.11 消防有线通信子系统 ··· 170

6.4.12 消防无线通信子系统 ··· 172

6.4.13 消防卫星通信子系统 ··· 175

6.5 消防应急指挥系统的基础环境要求 ································· 176

6.5.1 计算机通信网络 ··· 176

6.5.2 供电 ··· 177

　　　6.5.3　防雷与接地 ·· 178
　　　6.5.4　综合布线 ·· 179
　　　6.5.5　设备用房 ·· 179
6.6　消防应急指挥系统的通用设备和软件要求 ···················· 182
　　　6.6.1　通用设备 ·· 182
　　　6.6.2　软件 ·· 182
6.7　消防应急指挥系统的设备配置要求 ··························· 183
　　　6.7.1　消防应急指挥中心系统的设备配置 ···················· 183
　　　6.7.2　移动消防指挥中心系统的设备配置 ···················· 185
　　　6.7.3　消防站系统的设备配置 ······························· 187
参考文献 ···189

第一篇
理 论 篇

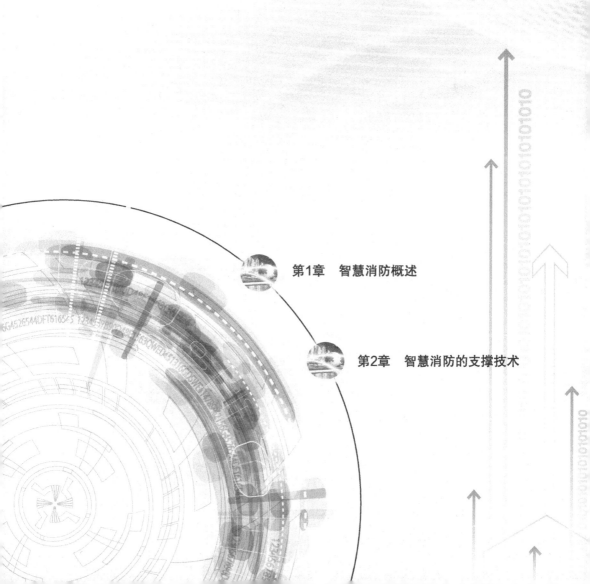

第1章 智慧消防概述

第2章 智慧消防的支撑技术

第1章
智慧消防概述

　　智慧消防是智慧城市公共安全领域建设中不可或缺的部分，是智慧城市建设的突破口和亮点，是物联网、云计算等新一代信息技术在消防领域的高度集成和综合应用。

　　智慧消防满足火灾防控"自动化"、灭火救援指挥"智能化"、日常执法工作"系统化"、消防队伍管理"精细化"的实际需求，大力借助和推广大数据、云计算、物联网等新一代技术，创新消防管理模式，实施智慧防控、智慧作战、智慧执法和智慧管理等措施。智慧消防有效打通了消防安全责任落实的"最后一公里"，将消防社会化工作格局提升到一个新的高度，这代表着消防工作未来转型发展的方向。

1.1　智慧消防的基本概念

智慧消防利用物联网、人工智能、虚拟现实、移动互联网等技术，配合云计算平台、火警智能研判等专业应用，实现城市消防的智能化。智慧消防是集全球定位系统（Global Positioning System，GPS）、地理信息系统（Geographic Information System，GIS）、无线移动通信系统和计算机、网络等于一体的智慧消防无线报警网络服务系统。智慧消防是智慧城市消防信息服务的数字化基础，也是智慧城市的智慧感知、互联互通、智慧化应用架构的重要组成部分。

狭义的智慧消防包含智慧消防的具体技术手段、技术设备、技术软件、可视化远程判断、远程控制、灾变预警等方面。

广义的智慧消防主要是指云计算、传感网、4G/5G 网络等多种信息技术在消防中的综合、全面应用，以实现更完备的信息化基础支撑、更透彻的消防信息感知、更集中的数据资源收集、更广泛的互联互通、更深入的智能控制、更贴心的公众服务。此外，广义的智慧消防包含消防网络化、消防智能化、消防信息服务等，是将新一代信息技术应用于消防物联网、消防大数据平台、智能管理等各个环节，实现消防智能化决策、社会化服务、精准化灭火、可视化管理、"互联网＋技术"等全程智能化的管理服务体系。智慧消防不仅能有效改善消防环境，提升消防建设的经营效率，还能彻底转变消防工作者的能力，转变火情报警单位和组织的体系结构。

1.1.1　智慧消防的具体体现

广义上的智慧消防组成示意如图 1-1 所示。

智慧消防具体体现在以下几个方面：

① 消防安全的智能化，即通过先进的科学技术手段促进消防更加智慧化；

② 集 GPS、GIS、无线移动通信系统和计算机、网络等现代高新技术于一体的智慧消防无线报警网络服务系统；

③ 解决了电信、学校、医疗、机场、车站、建筑、供电、交通等公共设施协调发展的问题；

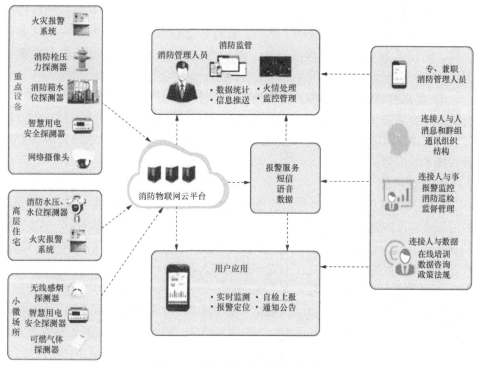

图1-1 广义上的智慧消防组成示意

④ 改变了过去被动的报警、接警、处警方式，实现了报警自动化、接警智能化、出警预案化、管理网络化、服务专业化、科技现代化，大大减少了中间环节，极大地提高了处警速度，真正做到了方便、快捷、安全、可靠，使人民生命、财产的安全以及警员生命的安全得到最大限度地保护；

⑤ 通过先进的科学技术手段与消防设施设备及工具来完成消防安全的智慧化。

1.1.2 传统消防与智慧消防的比较

1. 传统消防

传统消防具有以下特点。

① 监控能力有限。海量无用视频数据的传输和存储会造成带宽及存储资源的严重浪费，同时，少量的有用信息也会被淹没，使有用信息的提取变得更加困难；图像质量容易受到光照变化、雨雾天气等环境的影响，导致目标信息的辨别更加困难。

② 传统消防是指接警人收到火警出警电话后,根据报警人提供的模糊的火灾地址通过关键字进行查询,然后,针对种类众多、应对方法不一的各类危化品,给出具有针对性的救援办法,指导作战队伍迅速展开现场灭火救援的工作。

③ 重视度与管理不到位。传统消防通常将消防和安防设置在一个控制室内。值机员更换频繁,未经过专业培训,专业知识水平较差,不了解系统原理和设备现状,当出现故障和报警时,经常会处置不当,尤其是在紧急情况下,不能发挥新兴技术的优势。

2. 智慧消防

在科技发展的今天,智慧消防能有效解决电信、建筑、供电、交通、学校、医院等公共设施协调发展的问题。比如,智慧消防监控系统利用物联网、GIS、移动互联网、人工智能、大数据、云信息处理等技术,实现横跨 3 个不同网络的架构,构建一个消防监控大数据中心,打造一个消防大数据平台,构建"两个实战应用体系",即日常防火系统和应急灭火系统;健全"5 个应用工作机制",即"大数据 + 基础建设、大数据 + 防务决策、大数据 + 合成监管、大数据 + 全民消防、大数据 + 应急指挥",打破各消防业务系统之间的信息壁垒,使消防信息资源更有效地实现供需对接,推动消防工作模式从传统走向现代,从被动走向主动,从单一走向综合,从人工走向智能,实现跨越式发展。

(1)社会单位安全隐患巡查

消防重点部位及消防设施上张贴加密的近场通信(Near Field Communication,NFC)射频标签,运用射频识别(Radio Frequency IDentification,RFID)技术,巡查人员利用手机扫描标签进行每日防火巡查工作,扫描后系统自动提示各种消防设施及重点部位的检查标准和方法,自动记录巡查人员的检查痕迹。

(2)精准防控协同治理的原则

智慧消防采用新型的通信模式,基于云服务器的上传、下发,推送的数据量大且速度快,前端以多种探测器为核心,视频监控为后盾,利用消防单位自身的监控设施,加装联动模块,改变传统模式下发生问题后只能调取监控记录的状况,实现发生问题时自动报警,无须人工 24 小时紧盯画面,科学地解决视频监控的难题。智慧消防采用"监控 + 防盗""消防报警 + 紧急预警"的安全看护的模式,真正把视频监控与防盗、消防报警融为一体,可以构建一套立体防控、多元防御、实时防范的安全隐患预警体系,更有效地保障人身、财产安全,让用户安心的同时,实现服务场所的"预警在先,及时出警,防患在前"目标。

(3)可视化监管为重点

可视化监管主要通过"人防 + 技防"的方式,可提高安全管理水平。

3. 传统消防与智慧消防的实例说明

（1）消防领域中的感烟探测方面

① 传统消防：传统的独立式感烟探测器的使用寿命短；独立式感烟探测器发生报警时，如果火灾事发现场没有人员，或者室内人员行动不便，则报警不会被及时发现，不能真正起到报警的作用。

② 智慧消防：只需两分钟就可以实现手机和感烟探测器的绑定和固定安装，无须布线，采用无线移动通信系统传输信号，信号强；无须 Wi-Fi，适用多种场所，包括没有信号的地下、半地下场所。探测器材料采用防火 PC+ABS 型工程塑料，该塑料耐高温并且经过 3C 认证；探测器操作简单，适合多种人群，还可多手机账号绑定和推送报警信息；电池寿命长达两年之久，有低电量报警功能，日常维护方便。

（2）建筑消防用水监测方面

① 传统消防：人工试水巡查的间隔期长、工作繁重，消防用水检查难、确认难，难以及时发现水管爆管、接错慢漏等问题。

② 智慧消防：实时监测室内消火栓、喷淋末端试水最不利点的压力以及消防水箱水池的液位实时情况，能在第一时间发现消火栓系统、喷淋系统、水池水箱的异常情况；确保消防用水的健康运行，减少建筑内消防设施缺水、少水带来的安全隐患，实现消防用水可视化管理；提高系统管理的便捷性，监控中心一旦收到消防用水的报警信息，就会发出报警声音，同时，以曲线展示实时数据和历史趋势。

（3）电气安全监测方面

① 传统消防：电气火灾多发，引起电气火灾的原因包括电线短路、接触不良、电气设备老化、质量差、违规操作、超负荷用电等看不见的隐患。

② 智慧消防：配电柜中加入前端感知设备（电气火灾监控探测器、电流传感器、温度传感器以及剩余电流传感器），实时采集电气线路的剩余电流、导线温度和电流参数。

（4）火灾自动报警方面

① 传统消防：消防安全管理人员、值守人员只能到现场查看具体的情况；部门监管、消防大队等人员只能到现场检查，火灾隐患不能及时被发现；发生火灾时，险情上报程序烦琐，不利于现场处置。

② 智慧消防：数据传输装置将消防报警控制柜的各类报警信息实时上传到云服务器，值守人员一旦发现紧急情况可以及时安排相关人员到现场处理。现场人员在处置时可即时上传现场的处理情况以及现场照片，消防安全管理人员通过计算机以及手机可实时查看现场的处置情况，避免了管理人员无法监管值守人员操

作的问题。智慧消防可帮助工作人员快速排查、解决消防设施故障，降低发生火灾的概率，监督自动消防设施及工程安装质量，能溯源火灾原因，准确定位消防责任，远程准确获取故障信息，提高故障排除的效率。

科技的不断进步，技术硬件条件发展的逐渐完善，产业规模的快速壮大，国家政策的有力支持，让智慧消防得到了蓬勃的发展。智慧消防可以满足火灾防控"自动化"、灭火救援指挥"智能化"、日常执法工作"系统化"、消防队伍管理"精细化"的实际需求，有助于实现智慧防控、智慧作战、智慧执法和智慧管理，从而最大限度地做到"早预判、早发现、早除患、早扑救"，打造从城市到家庭的"防火墙"。作为智慧城市安全领域的重要组成部分，智慧消防已成为各地政府为民服务的一项实事工程。

1.2　智慧消防的基本特征

1. 透彻感知

建设智慧消防的基础是广泛覆盖的信息感知网络。消防工作涉及百姓日常生活的方方面面，这要求我们及时全面地掌握信息。为了满足深度的透彻感知，感知网络需要具备采集不同属性、不同形态、不同密度的信息的能力。当然，广泛的透彻感知并非意味着全方位的信息采集，应以满足深度研判的需要为导向。

2. 全面的互联共享

智慧消防只依靠感知是不行的，还需要与系统及现场连接，实现信息的互联互通。扩大信息的掌握量需要城市宽带、互联网等多种网络互通，最大限度地增加信息的互通程度；同时，相关部门的信息资源的保护壁垒也需要被打破，形成统一的资源体系，使消防不再成为"信息孤岛"。

3. 智能的大数据计算

作为决策和控制的基础，智慧消防只依靠感知与信息共享是远远不够的，还需要体量巨大、结构复杂的信息体系的支撑。智慧消防需要对海量信息进行智能数据统计与决策分析，并展示相关信息，这种智能化的处理方式会更加有效。例如，在一起火灾救援事故中，一个消防应急中队到达现场处理，若要了解和掌握现场的基本情况，他们可使用智能化的平台，平台上有很多战训专家可以进行会诊，这种智能化的处理方式对实际事故及救援会更加有效。

1.3 智慧消防建设的意义

智慧消防是智慧城市消防建设的重要表现形态，其体系结构与发展模式是智慧城市消防在一个小区域范围内的缩影。从智慧城市到智慧消防再到如今一系列智慧产品的出现，智慧时代已经渗透生活的方方面面。

1. 宏观趋势角度

智慧消防的建设是全世界追逐的目标，旨在推动城市转型升级，解决现有问题。因此，智慧消防管理体系的建设会涵盖整个城市管理的大部分职能。智慧消防建设已经成为城市建设管理机构破解可持续发展的难题，加速经济转型升级，提升消防安全的重要手段。

2. 目前的态势角度

随着智慧城市信息化的不断发展，高层建筑日益增多，随之而来的是消防安全管理工作面临的相关问题，这是一项很大的挑战。

尽管我们已经拥有了较为先进的消防设备和器材，也建立了快捷、准确的消防通信通道，培训了训练有素的消防应急人员，但是在面对消防实战中的快速、准确布置安全防护设施，准确选择消防通道，实施消防救援协同合作方式等方面仍存在一定的问题。如何防患火灾、确保消防安全，成为当今智慧城市发展建设及管理中面临的重点和难点问题。智慧消防系统的应用是应对当前复杂形势的迫切需求，其应用价值体现在以下几方面：

① 通过减少火灾发生的概率来减轻相关人员的管理负担；

② 通过精细化的技术与科学化的手段取代之前粗放式的管理模式；

③ 将与消防相关的人员进行联网注册，实现消防管理定人定岗、责任到人和工作流程的标准化；

④ 通知通告功能为政府监管部门、相关机构和技术人员提供一个消防信息交互的管理平台，有利于实现监管部门、相关机构和技术人员的有效沟通并节约成本；

⑤ 监管单位只要在有网络的地方就可以实施对辖区企业/单位的抽查，移动办公方便敏捷，可节省时间、人力和物力。

　　同时，大数据能将看似毫无关联的数据进行整合，为消防体系的建设提供正确指引，并以驱动型消防方式科学构建消防联动机制，当火灾发生时为及时响应、正确引导、快速灭火等一系列消防部署提供依据。智慧消防解决了电信基础设施、建筑、供电基础设施、交通基础设施等公共设施建设协调发展的问题，实现了报警自动化、接警智能化、处警预案化、管理网络化、服务专业化、科技现代化，大大减少了中间环节，极大地提高了消防应急处理速度，真正做到了方便、快捷、安全、可靠，使人民生命、财产安全以及消防机构人员的安全得到最大限度地保护。

第2章

智慧消防的支撑技术

　　智慧消防的发展和进步依靠多种新型技术的应用,如大数据、云计算、物联网、GIS、人工智能技术、虚拟现实技术、区块链技术等,智慧消防成为各类消防设备产品生产厂商、消防设备及设施供应商、消防解决方案提供商的建设发展目标。

2.1 大数据与云计算技术

2.1.1 大数据技术的相关概念

大数据技术是指从各种各样类型的数据中快速获得有价值信息的一种技术。大数据技术可应用于大规模并行处理数据库、数据挖掘电网、分布式文件系统、分布式数据库、云计算平台、互联网和可扩展的存储系统。

1. 大数据的特点

大数据的特点如图2-1所示。

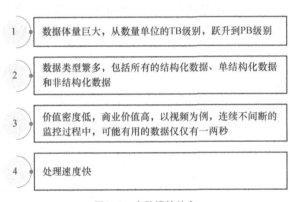

1	数据体量巨大，从数量单位的TB级别，跃升到PB级别
2	数据类型繁多，包括所有的结构化数据、单结构化数据和非结构化数据
3	价值密度低，商业价值高，以视频为例，连续不间断的监控过程中，可能有用的数据仅仅有一两秒
4	处理速度快

图2-1　大数据的特点

2. 大数据技术最核心的价值

大数据技术最核心的价值在于存储和分析海量的数据，其战略意义不在于掌握庞大的数据信息，而在于专业化处理这些含有意义的数据。换而言之，如果把大数据技术比作一种资产，那么这种资产实现增值的关键在于提高对数据的"加工能力"，通过"加工"实现数据的"增值"。

3. 大数据分析的基础

大数据分析包括以下5个基本方面。

（1）可视化分析

大数据分析的使用者包括大数据分析专家和普通用户，这两者对大数据分析最基本的要求就是可视化分析，因为可视化分析能够直观地呈现大数据的特点，且使用方便。

（2）数据挖掘算法

大数据分析的理论核心是数据挖掘算法，数据挖掘算法是根据数据创建的一组试探算法和计算的综合模型。各种数据挖掘算法基于不同的数据类型和格式，能更加科学地呈现数据本身的特点，能深入数据内部，挖掘公认的价值；同时，数据挖掘算法的运用不仅能提高大数据处理的数量，也能提高大数据处理的速度。

（3）预测性分析

大数据分析最终的应用领域之一就是预测性分析，即从大数据中挖掘其特点，科学地建立模型，之后就可以通过模型带入新的数据，从而预测未来的数据。

（4）语义分析

大数据分析广泛应用于网络数据挖掘，可从用户的搜索关键词、标签关键词或其他输入语义分析和判断用户的需求，从而带来更好的用户体验和广告匹配。

（5）数据质量和数据管理

大数据分析离不开数据质量和数据管理，高质量的数据和有效的数据管理，无论是在学术研究还是在商业应用领域都能保证分析结果的真实性和价值密度。

2.1.2 云计算的相关概念

2.1.2.1 云计算的相关特点

云计算是一种按需索取、按需付费的模式，内核是通过互联网把网络上的所有资源集成为一个称作"云"的、可配置的计算资源共享池（包括网络、服务器、存储、应用软件、服务），然后统一管理和调度这个资源池，向用户提供虚拟的、动态的、按需的、弹性的服务，云计算逐渐发展成基于计算机技术、通信技术、存储技术、数据库技术的综合性技术。

"云"实质上就是一个网络，从狭义上讲，云计算就是一种提供资源的网络，用户可以随时获取"云"上的资源，并按需使用，且"云"可以被看作是无限扩展的，只要按使用量付费就可以。从广义上讲，云计算是与信息技术、软件、互联网相关的一种服务，云计算集合了许多计算资源，通过软件实现自动化管理，只需要很少的人参与，资源就能被快速提供。

总之，云计算不是一种全新的网络技术，而是一种全新的网络应用概念，云计算的核心概念是以互联网为中心，在网站上提供快速且安全的云计算与数据存储服务，让每一个用户都可以使用网络中的庞大计算资源与数据中心。

云计算的特点如图 2-2 所示。

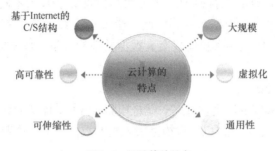

图2-2　云计算的特点

① 基于 Internet 的 C/S（Client/Server，客户端 / 服务器）结构：客户端发出服务请求，"云"（即服务器端）则进行计算并提供客户端所需的服务。

② 大规模："云"具有相当大的规模，企业私有云一般拥有数百上千台服务器，"云"能赋予用户前所未有的计算能力。

③ 高可靠性："云"使用了数据多副本容错、计算节点同构可互换等措施来保障服务的高可靠性，使用云计算比使用本地计算机可靠。

④ 虚拟化：云计算支持用户在任意位置、使用各种终端获取应用与服务，用户所请求的资源来自"云"，而不是固定的、有形的实体；应用在"云"中某处运行，但实际上用户无须了解、也不用担心应用运行的具体位置，只需要一台个人计算机或者一部手机就可以通过网络来实现需要的一切服务，甚至包括超级计算这样的任务。

⑤ 通用性：云计算不针对特定的应用，在"云"的支撑下可以构造出千变万化的应用，同一个"云"可以同时支撑不同的应用运行。

⑥ 可伸缩性："云"的规模可以动态伸缩，满足应用和用户规模增长的需要。

2.1.2.2　云计算的体系结构

云计算的体系结构包括 5 部分，分别为应用层、平台层、资源层、用户访问层和管理层，云计算的本质是通过网络提供服务，所以其体系结构以服务为核心，如图 2-3 所示。

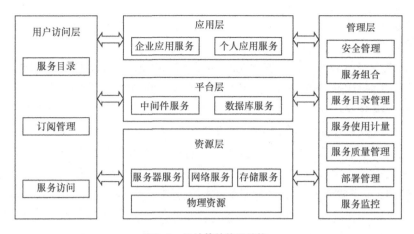

图2-3 云计算的体系结构

（1）应用层

应用层提供软件服务：企业应用服务模块是指面向企业的服务，如财务管理、客户关系管理、商业智能等；个人应用服务模块是指面向个人用户的服务，如电子邮件、文本处理、个人信息存储等。

（2）平台层

平台层为将资源层的服务进行了封装，使用户可以在此模块构建自己的应用。数据库服务模块提供可扩展的数据库处理功能；中间件服务模块为用户提供可扩展的消息中间件或事务处理中间件等服务。

（3）资源层

资源层是指基础架构层面的云计算服务模块，这些服务模块可以提供虚拟化的资源，从而隐藏了物理资源的复杂性。

物理资源是指物理设备，如服务器等。服务器服务是指操作系统的环境，如Linux 集群等；网络服务模块提供网络处理能力，如防火墙、虚拟网技术（Virtual Local Area Network，VLAN）、负载等；存储服务是指为用户提供存储的能力。

（4）用户访问层

用户访问层主要提供方便用户使用云计算服务所需的各种支撑服务，针对每个层次的云计算服务都需要提供相应的访问接口。

服务目录模块是一个服务列表，用户可以从该模块中选择需要使用的云计算服务。

订阅管理模块提供给用户订阅管理功能，用户可以在此模块查阅自己订阅的服务，或者终止订阅的服务。

服务访问模块针对每种层次的云计算服务提供的访问接口，针对资源层的访问提供的接口可能是远程桌面或者 x-Windows，针对应用层的访问，提供的接口可

能是 Web。

（5）管理层

管理层对所有层次云计算服务提供管理功能：安全管理模块提供对服务的授权控制、用户认证、审计、一致性检查等功能；服务组合模块提供对已有云计算服务进行组合的功能，使新的服务可以基于已有服务，以节省创建时间；服务目录模块提供服务目录和服务本身的管理功能，管理员在此模块可以增加新的服务，或者从服务目录中删除服务；服务使用计量模块对用户的使用情况进行统计，并以此为依据对用户计费；服务质量管理模块提供对服务的性能、可靠性、可扩展性的管理；部署管理模块提供对服务实例的自动化部署和配置，当用户通过订阅管理模块增加新的服务订阅后，部署管理模块自动为用户准备服务实例；服务监控模块提供对服务的健康状态的记录。

2.1.2.3 云计算的服务模式

根据美国国家标准与技术研究院（National Institute of Standards and Technology，NIST）的权威定义，云计算的服务模式有 S、P、I（即 SaaS、PaaS 和 IaaS）三大类或层次，如图 2-4 所示。平台即服务（Platform as a Service，PaaS）和基础设施即服务（Infrastructure as a Service，IaaS）源于软件即服务（Software as a Service，SaaS）的理念。PaaS 和 IaaS 可以直接通过 SOA/WebService 向平台用户提供服务，也可以作为 SaaS 模式的支撑平台间接向最终用户提供服务。

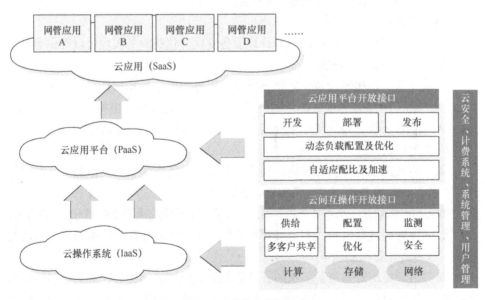

图2-4 云计算的服务模式

（1）软件即服务（SaaS）

SaaS提供给用户的服务是运行在云计算基础设施上的应用程序，用户可以在各种设备上通过客户端界面访问应用程序，如浏览器。用户不需要管理或控制任何云计算基础设施，包括网络、服务器、操作系统、存储等。

（2）平台即服务（PaaS）

PaaS提供给用户的服务是把用户采用的开发语言和工具（例如Java、Python、.Net等）以及应用程序部署到供应商的云计算基础设施上。用户不需要管理或控制底层的云基础设施，包括网络、服务器、操作系统、存储等，但能控制部署的应用程序，也可以控制运行应用程序的托管环境。

（3）基础设施即服务（IaaS）

IaaS提供给用户的服务是对所有云计算基础设施的应用，包括处理CPU、内存、存储、网络和其他基本的计算资源，用户能部署和运行任意软件，包括操作系统和应用程序。用户不管理或控制任何云计算基础设施，但能控制自己部署的操作系统、存储空间及应用程序，也可以有限制地控制网络组件（例如路由器、防火墙、负载均衡器等）。

2.1.2.4 云计算的服务类型

从服务方式来划分，云计算可分为三种：为公众提供开放的计算、存储等服务的"公共云"，如百度的搜索和各种邮箱服务等；部署在防火墙内，为某个特定组织提供相应服务的"私有云"；以及将以上两种服务方式结合的"混合云"。公有云与私有云的区别如图2-5所示。

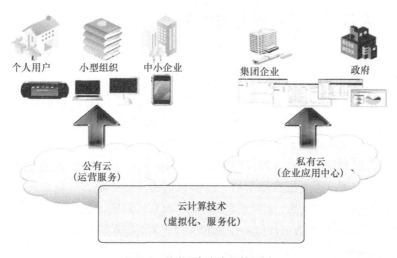

图2-5 公有云与私有云的区别

2.1.2.5 云计算平台

云计算平台是具有以下特点的服务管理平台，如图 2-6 所示。

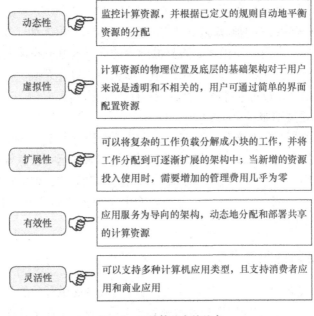

图2-6 云计算平台的特点

2.1.3 大数据与云计算的辩证关系

越高层级、越多层面的数据汇聚在一起才能真正被称为"大"数据，分析这种类型数据得出的结果更全面、更立体、更实用。对消防工作而言，最大限度地整合单位信息、消防设施信息是利用好大数据的前提和基础。这些数据来自于社会的方方面面，数据的内容不同，存在的形式也不同，网络日志、音频、视频、图片、地理位置信息等非结构化的数据越来越多，对数据的处理能力提出了更高的要求。大数据就像漂浮在海洋中的冰山，我们只能看到冰山一角，绝大部分都隐藏在水面之下，而发掘数据价值、征服数据海洋的"动力"就是云计算。大数据是云计算的基础和支撑，如果只有云计算，没有大数据，那云计算就是无源之水，无本之木;云计算是大数据价值的挖掘和实现工具，如果只有大数据，没有云计算，那大数据就如同一盘散沙，毫无意义。

2.1.4 大数据与云计算在消防中的应用

在消防工作中，人员、场所（高层楼宇地下场所、商场、市场等）、物品（危化品及易燃、易爆物品等）、流程、水源（消火栓、消防水源、天然水源等）等时刻产生大量有用的数据，智慧消防运用物联网技术采集数据，使用"消防云端"汇总分析这些数据，并通过计算机、手机、平板电脑等终端，分级分类为监督检查、灭火救援等工作提供信息支撑，指导消防工作开展，打通各类业务之间的壁垒，实现数据流、业务流、管理流的高度融合，这是消防工作的发展方向。

大数据与云计算在消防方面应用的主要表现如图2-7所示。

01　建设消防云计算平台
采集整合数据资源　02
03　建设城市消防云监控系统
建设"一张图"可视化指挥系统　04
05　整合消防队伍管理系统

图2-7　大数据与云计算在消防方面应用的主要表现

1. 建设消防云计算平台

消防云计算平台整合了现有的虚拟化资源，并依托警用地理信息系统、无线集群、视频监控系统，建设纵向贯通、横向集成、互联互通、高度共享、适应实战需求的信息指挥中心，推进指挥扁平化、动态布警网格化，提升指挥调度和应急处置效能；平台智能整合"云数据"，以市级、区级、基层三级消防应急救援中心共享协作为架构，建立集中、统一的全市应急信息资源大数据平台；集中和整合各类消防情报信息数据和各类视频数据，统一数据接口访问方式，开放数据资源目录，建立接口组件标准，实现数据互联，强化对数据的挖掘分析。

2. 采集整合数据资源

海量数据的采集与应用是大数据应用的首要前提，大数据建设首先依赖大量基础数据的获取。大数据系统可打通业务工作与信息化应用、基层实战与机关决策之间的环节，实现数据流、业务流和管理流的高度融合，使海量基础数据源源不断地汇聚到大数据平台，通过云计算技术被加工成有价值的火灾形势分析报告

和业务指令，并将其推送到各级、各部门，从而形成基础信息化与灭火救援实战化的相辅相成、相互促进的良性机制，保障大数据服务基层消防实战作用的有效发挥。

3. 建设城市消防云监控系统

大数据系统与公共聚集场所、危化品生产储运等重点单位的监控系统以及应急救援中心自动报警监控系统联网，对重点单位、人员密集场所的消防控制室、消防设施（自动报警装置、自动灭火装置、消防通道、闭火门、楼梯、自动喷淋装置及高层建筑的楼层水压装置等）实施远程监控，将消防安全重点单位和派出所列管单位户籍化信息、消防安全评估结果、单位建筑信息、地下工程数据等一并实时导入消防云地理信息系统平台，在终端上直观展现各类单位的概况，即消防设施、建筑总体的情况以及城市地下、空中管网工程的情况，实现对重点单位的有效动态监管，为火灾防控、灭火救人、火因调查等工作提供信息依据。

4. 建设"一张图"可视化指挥系统

"一张图"可视化指挥系统基于大数据、大比例尺警用地理信息系统（Police Geographic Information System，PGIS）、视频监控等技术手段，将受灾报警地点全方位定位在消防云地理信息系统上，使报警定位更精确。"一键式调度"将警情语音数据以广播形式发送到应急救援中心、指挥员、联动单位，同时搜寻相关预案、语音导航、交通监控诱导等信息，全方位、多角度地将整个灭火救援行动以音、视频形式展现在平台上，实现火情信息更精准，辅助决策更有力，作战全程更直观的目标。系统包括应急火警受理、消防指挥调度、火场通信、消防图像信息、消防车辆动态管理、灭火救援预案管理、消防情报信息管理、消防图文显示、消防指挥决策支持、重大危险源评估、指挥模拟训练等子系统。

5. 整合消防应急队伍管理系统

消防云管理系统整合一体化办公系统、视频会议系统、队伍管理技防系统、日常业务等子系统，围绕各部门职能和相关人员的岗位职责，以业务数据质量、任务完成情况为主要指标，通过云计算进行数据交换，实现对各单位人员车辆、学习训练情况、各项制度落实情况的远程督查管理，管理人员可在不同的地点，使用不同的终端设备管理及查询队伍的相关情况，促进工作的秩序稳定和正规化管理。

2.1.5 大数据、云计算在消防工作中的现实意义

大数据、云计算在消防工作中的现实意义在于：通过大数据、云计算技术，

有效利用各类数据资源，创新实战化应急体系，拓展城市消防管理监控系统，促进队伍的正规化管理，实现监督管理动态化、统计分析直观化、调度指挥可视化、社会服务便民化和队伍管理科技化。

1. 促进监督管理动态化

应用大数据技术，消防应急中心领导、监督人员、灭火救援指挥人员可以在一个集成门户上查阅社会消防重点单位的情况，还可以随时存储和查询重点单位的数据库。相关人员输入建筑物的名称后，该建筑物内的喷淋、附近消火栓的位置全部一览无余。管理人员平时动态监控单位的状况，遇有火警时可迅速做好灭火方案，把握最佳的灭火时机。大数据将消防与社会重点单位的视频监控联网，实现对重点单位的动态管理和巡查。

2. 促进统计分析直观化

计算机数据终端可基于时间、辖区、火情类型三个维度进行火情统计值的同比、环比分析，使用颜色块来展示火情的态势。移动计算终端可进行四色预警，以"市—区—街道""支队—中队"为单位，以一定时间段内的某种类型的警情数值为基础，将该数值与通过模型计算得出的预警临界值进行比较，依次通过"红、橙、黄、绿"等颜色表示当前区域的火险等级。数据终端可根据消防灭火救援响应速度、服务指标等因素，计算消防站能辐射的救援范围，通过叠加辖区内或辖区间的站点服务半径，分析空间上站点服务的薄弱区域，指导消防力量的部署和消防设施的规划。

3. 促进调度指挥可视化

消防应急指挥中心通过消防灭火救援系统，以"PGIS、通信调度、移动指挥和视频图像"等云服务为基础，集多渠道报警定位、消防力量出警、配置情况、消防警情态势、视频监控、消防监督管理于一体，实现可视化指挥。消防应急救援局接到报警后，通过全球定位系统、手机定位系统，确定警情现场位置，了解附近中队的力量配置，系统自动生成方案，自动发送短信，并绑定相关指挥员的手机等通信工具，将警情第一时间传达给出警员、指挥员并快速出车。出警员到场后，可以进行二次定位，为警情分析研判提供准确的数据。现场情况可以在第一时间回传给消防及市局指挥中心，用于联动指挥调度。

4. 促进社会服务便民化

消防应急救援局利用云计算强大的数据处理能力，搭建消防公众云服务平台，将大型活动、开业审批等行政审批事项全部放在网上运行，实行建筑消防图的网上流转。各种消防业务的网上审批、内外网数据交换等业务的工作流程规范，审批程序严密，行政效率得到了提高，用信息化技术倒逼业务流程的优化和完善，从而促进行政审批规范、透明、高效的运行；同时，利用消防救援局的门户网站

和消防服务热线发布消防宣传影视作品、处理消防投诉举报等，积极推进消防业务的发展。

5. 促进队伍管理科技化

消防应急救援队伍可通过大数据分析和云计算数据的交换，对灭火救援警情、基础数据、火灾隐患线索开展分析研判，自动生成统计报表、分析图形，实现对消防形势的预警预测和动态掌握基层的工作；还可在不同的地点使用不同的终端设备管理查询应急救援队伍管理训练的情况，促进队伍的正规化管理。消防云将门禁系统、图像监控系统、自动查岗系统、车辆管理系统等六大管理技防系统相结合，实现数据的关联处理。在消防云桌面上，管理人员可自动接收监控的人员和车辆信息，手机定位系统可定位查询使用人员的轨迹。

2.2　物联网技术

2.2.1　物联网的相关概念

物联网（Internet of Things，IoT）是万物相连的互联网，是在互联网基础上的延伸和扩展的网络。物联网将各种信息传感设备与互联网结合形成一个巨大的网络，实现在任何时间、任何地点，人、机、物的互连互通。

"物联网就是物物相连的互联网"有两层意思：一是物联网的核心与基础仍是互联网，是在互联网基础上的延伸和扩展的网络；二是其用户端延伸和扩展到了任何物品与物品之间，实现物与物的信息交换与通信。

因此，物联网是通过射频识别传感器、红外感应器、全球定位系统、激光扫描器等，按约定的协议，把任何物品与互联网相连接，进行信息交换和通信，以实现对物品的智能化识别、定位、跟踪、监控和管理的一种网络。

2.2.2　物联网的体系结构

物联网的体系结构尚未形成全球统一的规范，但目前大多数文献将物联网体系结构分为三层，即感知层、网络层和应用层：感知层主要完成信息的采集、转换和收集；网络层主要完成信息的传递和处理；应用层主要完成数据的管理和处理，并将这些数据与行业应用相结合。物联网的体系架构如图 2-8 所示。

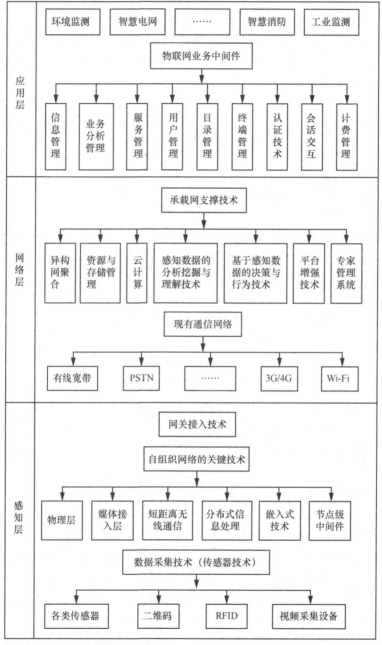

注：PSTN（Public Switched Telephone Network，公共交换电话网络）。

图2-8 物联网的体系架构

1. 感知层

感知层犹如人的感知器官，物联网依靠感知层识别物体并采集信息。

感知层主要实现物体的信息采集、捕获和识别，即以二维码、RFID、传感器为主，实现对"物"的识别与信息采集。感知层是物联网发展和应用的基础，例如，粘贴在设备上的 RFID 标签和用来识别 RFID 信息的扫描仪、感应器等都属于物联网感知层的内容。

2. 网络层

网络层在物联网模型中连接感知层和应用层，具有强大的纽带作用，高效、稳定、及时、安全地传输上下层的数据。

网络层由各种无线 / 有线网关、接入网和核心网组成，以实现感知层数据和控制信息的双向传送、路由和控制。接入网包括交换机、射频接入单元、3G/4G 蜂窝移动接入、卫星接入等。核心网主要由各种光纤传送网、IP 承载网、下一代网络、下一代广电网等公众电信网和互联网组成，也可以依托行业或企业的专网。网络层包括宽带无线网络、光纤网络、蜂窝网络和各种专用网络，在传输大量感知信息的同时，对传输的信息进行融合等处理。

3. 应用层

应用层是物联网和用户（包括人、组织和其他系统）的接口，能针对不同用户、不同行业的应用，提供相应的管理平台和运行平台，并与不同行业的专业知识和业务模型相结合，实现更加准确和精细的智能化信息管理。应用层包括数据智能处理子层、应用支撑子层，以及各种具体的物联网应用。

物联网的应用可分为监控型（物流监控、环境监测）、查询型（智能检索、远程抄表）、控制型（智慧交通、智能家居、智慧路灯）、扫描型（手机钱包）等，既有行业的专业应用，也有以公共平台为基础的公共应用。

2.2.3 物联网的关键技术

物联网作为一种形式多样的聚合性复杂技术，其感知层主要涉及传感器、RFID、硬件技术、电源和能量储存等关键技术，在网络层主要涉及网络与通信、信息处理等关键技术；其应用层主要涉及发现与搜索引擎、软件和算法、数据和信号处理等关键技术。在物联网的应用开发过程中，每个层面所涉及的技术有所交叉，并不是绝对的。

经过近几年的快速发展，各国不同的单位和机构均初步建立了各自的物联网技术方案。物联网的关键技术如图 2-9 所示。

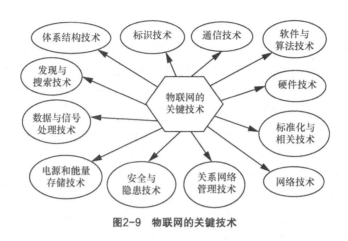

图2-9　物联网的关键技术

2.2.4　物联网技术在智慧消防中的应用

2.2.4.1　火灾防控预警"自动化"

1. 消防水源的远程监控

消防水源的远程监控是指借助物联网技术，通过在消火栓、消防水池、天然湖泊等重要位置安装无线或有线通信设备，利用水流触发传感器，定期将水源信息发送至中心服务器，工作人员通过手机、无线或有线计算机等终端设备，实时查询消防水源的状态、压力等情况，实现对消防水源的实时联网监控的一系列过程。同时，借助 GPS、GIS 等技术提供的定位信息，工作人员能及时、动态地掌握各类消防水源的位置信息。一旦有灾害事故发生，消防水源的实时信息就可通过物联网技术准确无误地被传递到指挥中心及作战车辆，为灭火救援行动的迅速展开提供准确的水源信息。

2. 建筑消防设施的远程管理

建筑物内的消防设施主要包括消防喷淋、消防水泵、感烟、感温、安全疏散标志、消防安全门等。建筑物内消防设施的好坏对初期火灾扑救有着十分重要的影响。如何确保这些消防设施处于良好的工作状态，目前常规的做法是检查、检查、再检查，落实、落实、再落实，但这些行为都是个体行为，百密难免一疏，而借助物联网技术，完全可以实现消防设备的全动态智能监控。

对于消防喷淋，我们通过在消防喷淋的管网中安装感应芯片可以掌握喷淋装置的压力，从而实时了解喷淋管网内是否有水和水压。对于消防水泵，我们通过在消防水泵的开关阀上安装电子芯片，可以远程掌握消防水泵的开合状态。对于

感烟和感温，通过在消防设施的后端安装通信芯片，可以实现感烟和感温的状态信息实时传输到后方监控中心的目标，监控中心人员可以随时掌握感烟和感温的状态。对于消防安全通道，我们可以借助智能视频监控技术。在消防安全通道内使用视频监控，视频处理系统实时分析前端摄像头拍摄的范围或者在指定区域是否有长时间占位的物体，当消防安全通道存在隐患时，智能视频监控平台会及时收到告警通知。该技术手段的应用将协助防火监督员高效开展消防检查任务。

3. 建筑物的远程管理

我们可以为每栋建筑物建立相应的数据库，重点部位的设备安装相应的传感器，管理和检查人员可以通过无线手持设备读取每个设备的信息以及运行情况。当设备出现故障时，传感器会自动向管理系统发出警报。报警系统中植入了带有发射功能的芯片，当报警器检测到传感器向控制室发出报警时会主动向相关人员的手机发送信息，并向消防部门发出报警信息。此功能与城市消防远程监控系统的不同之处在于，除了可以管理报警设备外，也将消火栓、灭火器甚至消防应急灯等纳入管理范围，并且可以设立独立的管理单元，单位内部可以实现高效管理，使管理费用更低，管理方式更灵活。

4. 消防产品的远程管理

消防器材出厂时，每个器材上都会安装一个电子标签，电子标签的内容包括消防器材类型、认证信息、基本参数、出厂日期、使用寿命以及消防部门数据库的唯一编号等，以唯一编号作为标识，实现消防器材零伪造的目标。在检查中，巡查员只需手持无线终端设备，对预装有芯片的器材进行扫描和采集数据即可。消防产品管理系统对采集的各种数据进行自动分析后，可对每个区域的总体消防巡查情况做出系统性报告，并且可以和以往巡查的数据进行比较，将结果提供给消防部门作为参照，实现监督检查的智慧化。

5. 消防控制室值班人员的远程管理

单位消防安全管理人员利用系统集成的视频监控功能，随时可通过计算机或手机查看单位的消防控制室、消防配电房等重点部位值班人员的在岗在位和履职情况，并与值班人员直接通话，杜绝发生值班人员离岗脱岗的情况。消防监督人员根据需要可进行远程抽查。

6. 重大活动消防工作的智能监控

重大活动的特点就是人员高度聚集、客流量大、流动性强，这为消防管理带来很大压力，消防管理部门借助物联网技术可以提供有效的客流监控和引导，通过对各区间的人群总量、人员密度以及人员流向的实时监控，可以在发生火灾等紧急情况时疏导人群，从而确保活动安全有序进行，体现出"以人为本"的核心理念。

物联网技术可以在重大活动的智能管理中发挥关键作用。基于网络，我们可以统计一定区域内的用户数，从而分析、判断重要活动场馆内的客流，并且根据一定的数据模型，预测整体用户数目。根据实时采集的用户位置信息，系统可以准确统计区域内的用户数，从而进一步提供相关区域的实时移动客流统计和历史客流统计查询功能。系统根据前后时刻用户在特定区域的位置变化，可以计算出在某一时段特定区域的人员流动情况，从而可以判断人员的流向变化。流向图在紧急状况下也可以为指挥中心选择疏散方案提供辅助数据。

2.2.4.2　灭火救援指挥"智能化"

1. 建立建筑物身份系统

建筑物身份系统是指在建筑物外设置电子标签，标签存有建筑物的基本结构信息、使用信息、消防设施信息和周围基本情况信息等对灭火救援有利的基本信息。消防救援第一梯队的力量到达火灾现场时可通过相应的终端设备读取信息，快速了解建筑物的基本情况，这大大缩短了消防辖区"六熟悉"（即熟悉责任区的交通道路、水源情况；熟悉责任区内重点单位的分类、数量及分布情况；熟悉责任区内主要灾害事故处置的对策及基本程序；熟悉责任区内重点单位建筑物的使用及重点部位的情况；熟悉重点单位内部的消防设施的情况；熟悉重点单位的消防组织及其灭火救援任务分的工情况。）的时间。建筑物配备的温度传感器能实时地将温度信息传送到手持终端，使灭火指挥员在报警信息不详细的情况下，迅速找到起火点的大概位置，为及时扑救火灾赢得时间，并提供有力的保障。

2. 参战力量的智能调度

在灭火救援过程中，参战力量的合理与否直接影响灭火救援行动的顺利开展，车辆类型、随车装备、车辆车况等都是指挥部进行指挥调度时必须考虑的重要因素。基于物联网技术建立的视频监控系统可通过现有的网络传输灭火救援的现场图像，实现远程监控、视频录像、现场抓拍、资料存储等功能。借助该视频监控系统，现场指挥部及后方指挥中心可及时了解车辆的出动情况、车辆停靠位置的分布等。通过在消防车的水泵、发动机、油箱等重要位置安装相应的压力传感器芯片，指挥中心可及时了解参战车辆投入战斗的时间、现场待命时间及出水情况，合理安排长时间运转车辆进行休整替换。

3. 作战现场的智能指挥

在实施灭火救援的过程中，进攻路线的选择、水带的铺设、分水阵地的设置、水枪阵地的设置是成功进行灭火救援的关键，而火灾现场的烟、热、毒则是威胁消防人员人身安全的主要方面。物联网技术的出现后，我们通过在灭火救援装备上嵌入各种微型感应芯片，借助无线通信网络，实现了与现有互联网的无缝对接，水枪头、分水、水带的压力、位置、所属单位等信息被实时上传至后方指挥中心，

后方指挥中心根据火场情况随时调整现场部署。消防人员进入现场后，借助各种传感设备（如 RFID 装置、红外感应器、有毒气体感应装置、温湿度探测器等，这些设备与互联网结合形成巨大的物联网络）实现智能化识别、定位、跟踪与监控。后方指挥人员根据物联网络反馈的信息，实时掌握现场人员周围的温度、有害气体浓度、水枪压力等数据并做出准确的决策。

4. 实现危险源全程动态智能管理

危险源监管是安全生产与消防监管的重中之重，危险源管理可通过与物联网技术的结合实现以下功能。

（1）危险品车辆在运输过程中的智能监控

危险品车辆在运输过程中一旦发生事故将造成严重的后果。目前，对于危险品运输车辆的管理主要依靠 GPS 来完成，指挥中心通过 GPS 可以随时掌握车辆行驶的轨迹。但是对于安全管理来说，除了车辆的轨迹之外，运输过程中运输设备的状态也是我们需要掌握的，比如设备的阀门是否打开，运输车辆的车柜门是否上锁等信息。借助物联网技术，指挥中心可以及时掌握危险品运输车辆的位置和状态信息。

（2）化工装置、灌区及危险品存放地点的远程管理

化工装置、灌区及危险品仓库历来是消防安全的重点场所，这些场所一旦发生事故将导致不堪设想的后果，因此，对于这些危险场所的实时监控，在事故发生后第一时间自动报警，对于将事故影响降到最低尤为重要。

借助物联网技术，我们可以通过在危险品存放地点部署环境感知网络，实时监测大气、水、灌区的气体浓度、装置压力等环境信息。监测信息通过统一的通信协议和物联网管理平台被发送至指挥中心，中心服务器立刻对感知的环境数据进行分析和聚合处理，一旦发现有异常情况即通过短信、语音实时报警。由于应用环境比较复杂，前端感知终端可以支持红外、气体、感烟等多路的无线或有线传输传感器。通过这一套物联网监控传输系统，指挥中心可以实时了解重要场所的状况，从而完成对危险品存放场所的安全管理。

2.2.4.3 消防管理工作"信息化"

1. 实现战斗车辆及人员的动态管理

我们通过物联网技术，可以在所有消防车辆和消防应急救援人员的现场作业服装上安装电子标签，这些标签通过无线或有线的方式连接，形成一个基于物联网的装备管理系统。该系统包括中心管理平台、采集终端、骨干终端、车载终端、识别标签等。

现场作业车辆上安装车载终端，车载终端由 GPS 模块、采集模块、无线通信模块构成，采集车载装备的标签信息，相关人员可以确认车上所载装备的类型、

数量和人员数量。所采集的信息和车辆位置均通过无线网络被传至后方指挥中心，指挥中心可以随时掌握车辆的位置和随车装备的情况。

消防应急救援人员在灭火救援时穿着装有电子芯片的"智能战斗服"，服装内嵌感应芯片，这些芯片可以将消防人员的位置、分布、数量通过无线网络传输到后方指挥中心，以实现后方指挥中心对人员的管理。

整个系统以无线传感网络为核心，辅以 GPS 技术、无线通信技术，形成消防应急救援车辆和人员的完整管理体系，这样可以降低管理的工作量，提高管理工作的质量和透明度。

2. 实现消防装备的动态管理

现有的消防装备包括空气呼吸器、照明器材、堵漏装备、抢险器具、破拆工具、剪切工具、防毒救生装备等，可谓类型多样，数量繁多。目前，装备的管理主要通过软件来实现，在日常管理中容易造成遗漏，且动态更新比较麻烦。我们运用物联网技术可以集中、智能地管理不同地方、不同种类的消防装备，将分散的人员、车辆、设备等各种属性的信息集成到一个网络中，提升消防工作和队伍建设的水平。

首先，对所有的消防装备按照类型、功能、所属单位等属性进行分类；其次，每件消防装备都加上 RFID 标签，今后 RFID 芯片甚至可以作为标准配备固化到消防装备上；最后，将这些数据按照中队、支队、总队的级别分级统计。借助物联网技术,指挥中心可以动态地掌握现有装备的数量和分布，以及库存装备的情况。一旦发生大型事故，智能装备管理系统可以根据指挥中心已派车辆的情况，动态地显示有多少装备投入火场，目前还有多少装备可供调用，且在救援行动结束后可以立刻统计出所消耗的装备数量。这样不但为指挥调度提供了科学依据，还为火场总结提供了科学的数据。

2.3 地理信息系统

2.3.1 地理信息系统的概念

地理信息系统（GIS）是对地理空间实体和现象的特征要素进行表达、获取、处理、管理、分析与应用的计算机空间或时空信息系统。GIS 有以下特点。

1. 数据输入

数据输入是把现有资料按照统一的参考坐标系统、统一的编码、统一的标准和结构组织转换为计算机可处理的形式，再将其输入数据库的过程。目前，GIS 的输入越来越多地借助非地图形式，遥感技术（Remote Sensing，RS）数据和全球定位系统（GPS）数据已成为 GIS 的重要数据来源。

2. 数据处理

GIS 对空间数据的处理主要包括数据编辑、数据综合、数据变换等，最终形成具有拓扑关系的空间数据库。GIS 中的数据分为栅格数据和矢量数据，如何有效地存储和管理这两类数据是 GIS 的基本问题。大多数 GIS 采用了分层技术，即根据地图的某些特征把它们分成若干图层分别存储，把选定的图层叠加在一起形成一张满足某些特殊要求的专题地图。

3. 空间分析和统计

空间分析和统计是 GIS 的一个独立研究领域，它的主要特点是帮助用户确定地理要素的关系，为用户提供一个解决各类专门问题的工具，这也是 GIS 得以广泛应用的重要原因。GIS 的空间分析分为矢量数据空间分析和栅格数据空间分析两大类；矢量数据空间分析包括空间数据查询和属性数据分析、缓冲区分析和网络分析等；栅格数据空间分析包括记录分析、叠加分析和统计分析等。

4. 地图显示与输出

GIS 可将空间地理信息以地图、报表、统计图表等形式被显示在屏幕上，用户利用开窗缩放工具可以放大和缩小所显示的地图中的任意点和范围，系统也支持按照某一比例尺显示；系统还可按照用户需要设置制图符号和颜色，根据编辑好的空间数据分层、逐层叠加形成各种专题图，通过绘图机、打印机等输出。

5. 二次开发和编程

大多数 GIS 都提供二次开发环境，包括提供专用语言的开发环境，用户可调用 GIS 的命令和函数。系统配有专门的控件，供用户的开发语言（C++，VB，VC++，Dephi……）调用等。用户可以很方便地编制自己的菜单和程序，生成可视化的用户界面，完成 GIS 应用功能的开发。

2.3.2　GIS 在消防决策中的应用

GIS 在消防决策中的具体应用如图 2-10 所示。

1. 提供形象直观的消防资源信息

① 可以管理各种消防资源信息，包括消火栓、天然水源、人工水源、消防码

头、地下输水管道和可燃气体管道的信息；

② 可以有效地、可视化地管理消防重点地区的数据库、重点单位的数据库、重点部位的数据库、消防实力数据库、危险化学品的数据库和抢险救援预案数据库等；

③ 能与当地电话号码信息库相关联，在接警时能随时正确反映报警电话的位置、单位或名称，正确反映起火单位周围的客观情况，并能快速将其传输到中队终端，出动命令单上既包括起火单位名称、地址、燃烧物等文字内容，也包括火灾单位所在位置的地图信息等内容。

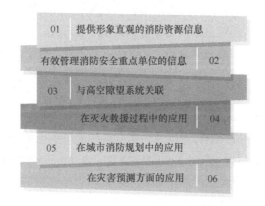

图2-10 GIS在消防决策中的具体应用

2. 有效管理消防安全重点单位的信息

GIS 不仅可以管理图形数据，还可以管理属性数据、多媒体数据，因此，其不仅可以反映重点消防单位的位置，还可以与重点单位的方略图、平面图、立面图、作战图和视频图像等信息关联，从而可以图形化地制订灭火作战预案，预案就是针对重点消防单位而预先制订的消防方案。

GIS 借助建筑设计的电子文档、设计图纸或后期人工绘制的图纸，管理车间、仓库、房间和通道等，还可以提供丰富的预案。预案由文字信息和图形信息两部分组成：文字信息描述预案的基本情况，包括预案的内容、处置方案、警力构成、装备、警力布置和联系方式等；图形信息用于描述保护对象的建筑平面图、警力布置图等。所有预案信息都存储在数据库中形成预案数据库。当发生火灾时，这些信息资源可以快速被调用，从而为灭火作战提供有力的行动指南，做到系统、科学地处置灾情。

3. 与高空隙望系统关联

目前，许多城市为了便于观察火情增设了高空隙望系统，高空隙望系统因为

瞭望点少、城市地域大，一般不能立即找到起火的地址，仅靠人工搜索定位难、速度慢，影响指挥决策。高空瞭望系统与 GIS 关联，具有自动搜索定位的功能，在确认起火地点后，高空瞭望系统的摄像机能自动搜索起火地点，并加以定位，这样可使指挥中心更加有针对性地指挥灭火救援工作。

4. 在灭火救援过程中的应用

消防应急终端可以打印关于火灾的相关文字，通过在消防车上安装 GPS，指挥中心的地图上能及时显示车辆的行进路线和具体位置，中心可以随时指挥纠正车辆的路线和位置。应急指挥车上配备计算机，消防 GIS 不仅显示出动命令，还能直接显示消防重点地区、消防重点单位、消防重点部位火灾爆炸或化学灾害事故的救援过程，工作人员能直接查阅处置预案和处置方法。高空瞭望系统将自动搜索到的灾情发展变化情况传输到计算机上，这样，消防应急救援队在出动途中，指挥员根据火势和消防 GIS 提供的信息，预先下达救援车辆作战任务或灭火救人的命令。

5. 在城市消防规划中的应用

GIS 是基于图形方式的，相关信息内容比较详细、精确，并且在计算机上能比较直观地反映各种数据的实图，可以及时进行各种消防重点单位的选址、规划、建设，包括消防站点的规划，以及消防水源的建设规划。通过将各种规范数据输入计算机上，GIS 将自动判断规划的合理性并计算间距，以减少传统人为判断的失误和不准确性。

6. 在灾害预测方面的应用

① 统计分析火灾数据，GIS 可以在地图上直观地反映区域、行业火灾分布情况，以便指挥中心制订科学的预防措施和对策，减少发生火灾事故的概率。

② 分析火灾隐患，基于 GIS 的火灾隐患信息管理系统既能形象地反映情况，又能实现动态管理，通过信息查询、分析评价与科学决策等功能，系统能科学预测城市的突发性事件，从而产生非常明显的社会效益和经济效益，为各级政府的决策提供科学依据，便于各级安全监督部门有针对性地加强督查工作。

2.3.3　GIS 在消防通信指挥中的应用

GIS 在消防通信指挥中的应用表现在以下两个方面。

1. 查看信息

GIS 可以显示研究区域的全域，方便相关人员以小比例尺查看全局，以中比例尺查看局部，以大比例尺查看细部，在比例尺不断增大的同时展现给用户的空间信息内容不断被更新。例如，用户在浏览省（自治区、直辖市）全局时，界面只要显示河流、省级公路 / 铁路以及市县行政分区等全局信息，而随着比例尺的不断增大，界面就需要显示建筑物、公园等具体的空间地物。GIS 结合消防应急指挥系统中不同子系统的各个业务处理进程，多层次、高清晰度、高质量、区域自动切换地显示包含城市地图、街道分布、主要单位分布、重点消防单位分布、水源分布、消火栓分布、消防中队分布、消防车辆动态分布等信息在内的广域消防地图、接警消防地图、灭火战区地图、灭火预案图，使消防指挥人员直观、方便地获得消防指挥的全方位、多层次的信息集合。

2. 分析 CIS 的空间思维能力

CIS 利用接触式图像传感器（Contact Image Sensor，CIS）数据库存储目标空间位置和属性描述两方面的信息，通过 CIS 的工具（如缓冲分区分析、叠加分析），提取或创建一系列地物的新信息，通过空间分析功能，用户可以完成空间查询、空间统计、连通性分析、覆盖分析、最佳路径分析等操作。消防部门根据火灾发生的地点、消防力量的实时分布、交通状况，计算最佳消防力量调配方案及最佳行车路径，从而显著提高消防通信指挥的快速反应与科学决策能力，加快接处警的速度，以适应火灾扑救及抢险救援受理与联合作战的需要。

2.3.4　GIS 在灭火作战中的实际应用情况

1. 导航功能

随着消防人员的精简，新驾驶员应能尽快投入战备，传统模式显然已不能适应现代快速作战的要求，GIS 能使导航发挥事半功倍的效果。

2. 路况信息提示及联动功能、目标信息提示功能

在前往火灾现场的途中，驾驶员可以通过 GIS 了解道路状况，接受指挥中心的指示，现场指挥员同样可以在该系统上查询现场的相关信息。

（1）水源信息

GIS 可以集成消火栓的信息，但精度很差，且不包括为数众多的新消火栓。火警出车单仅标示该路段的消火栓数量，不能说明其具体的位置，传统方法主要是通信员为驾驶员提供火场附近可使用的消火栓的位置以便驾驶员及时停靠消火栓附近，保证水源供应。如果不能解决消火栓精确定位的问题，消防应急救援队伍在灭火救援的过程中将面临极大的难题。

传统在地图上为消火栓进行精确定位的方法较为困难，因为消火栓的目标相对较小，只要在地图的制作阶段有一点失误，其信息提示功能就会被极大地弱化。所以，在制作消火栓信息的过程中，我们可以使用 GPS 为消火栓确定经度、纬度值，这样就可以通过 GIS 为驾驶员提供水源的精确位置。

（2）目标信息

中队管辖区域内的各级重点单位少则几十家，多则几百家。基层中队干部的流动性比较大，而中队的日常工作又十分繁杂，中队指挥员一般只了解重点单位的地址、功能、水源等信息，对其内部结构所知甚少。不掌握建筑物内部结构的详细情况，救援队伍内攻时就没有明确的目标，从而导致延误灭火、救人的时机。

预案虽然可以为灭火救援提供较多信息，但要求中队指挥员将每个单位的预案背得滚瓜烂熟也是不现实的。在出警途中，指挥中心完全可以将预案通过无线网络传送至消防车上的 GIS 中以供指挥员参考。如果条件允许，应将一些非重点单位（比如居民住宅）的基本的建筑结构信息存入数据库，这样可以大大提高准确性，提高灭火救援的效能。

3. 参战力量部署

在一些比较大的火灾现场，由于地形复杂、参战车辆比较多且应急救援力量到场时缺乏统一的指挥，车辆停放混乱的现象屡见不鲜，这不仅影响救援工作的迅速展开，对参战队伍的自身安全也具有较大的威胁。采用随车 GIS，应急救援中队能在前往火场的途中充分了解发生火灾的目标信息、火场地形、通道和水源位置，指挥中心可以实时部署应急救援力量，使应急救援中队指挥员明确车辆的停靠位置，进攻路线和任务，到场后能迅速投入救援。

4. 车辆监督功能

有些消防中队在应援其他中队时会出现出动慢、车速慢的情况。究其原因是我们在严格控制主管中队到场时间的同时，限于技术条件，没有对应援中队限制时间，导致少数指挥员为了避免交通事故，提高安全系数而一味降低车速。对于这种现象，一方面要加强教育，另一方面要建立完善的监督机制。车载 GPS 通过无线网络将车辆的行驶参数传送到指挥中心，可以实时显示每一辆消防车的具体位置和时速，确保应急救援中队能在保证安全的前提下尽快赶到火场参与灭火救援行动。

2.4　虚拟现实技术

2.4.1　虚拟现实技术的概念

虚拟现实（Virtual Reality，VR）技术是 20 世纪末发展起来的一门涉及众多学科的高新技术。它集计算机技术、传感与测量技术、仿真技术、微电子技术于一体。而理想中的 VR 技术是利用计算机创建的一种虚拟环境，通过视觉、听觉、触觉、味觉、嗅觉等，使用户产生和现实一样的感觉，实现用户与该环境的直接交互。可以说，一个好的 VR 环境是由计算机图形学、图像处理、模式识别、语音处理、网络技术所构成的大型综合集成环境。

VR 技术有沉浸感、交互性和构想三个基本特征：沉浸感是指 VR 系统不同于传统的计算机接口技术，用户和计算机的交互方式是自然的，就像现实中人与自然交互一样，完全沉浸在通过计算机所创建的虚拟环境中；交互性是指 VR 系统区别于传统的三维动画的特性，用户不再是被动地接受计算机所给予的信息，而是能使用交互输入设备来操控虚拟物体，以改变虚拟世界；构想是指用户利用 VR 系统可以从定性和定量综合集成的环境中得到感性和理性的认识，从而深化概念和萌发新意。

图 2-11 中的三个"I"反映了 VR 技术的关键特性，即系统与人的充分交互，它强调人在 VR 环境中的主导作用。

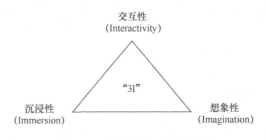

图2-11　VR技术的三个基本特征

2.4.2　虚拟现实技术在消防领域中的实际应用

1. 促进消防演练方式的转变

当今科技飞速发展，火灾情况的复杂度也在逐渐提高，这就需要我们在日常的演练中，以实际为导向，根据实际情况的需要进行有针对性的演练，使演练更加接近真实场景。但是，所有的消防单位都进行实地演练，这在财力和时间方面都不允许，VR 技术为仿真训练提供了一种可贵的渠道。我们应用 VR 技术可以复原真实场景，达到与真实演练一样的效果，还可以减少对人员和金钱的投入，一举两得。消防队员在演练时可以重点演练需要掌握的技能，增强针对性，从而对突然发生的火灾有足够的心理准备，对消防技能的应用得心应手。

消防队伍要实现团队工作，保障日常演练的高效。VR技术将各个分散的过程整合到一起，消防人员能看到发生火灾的场景，听到火灾现场的声音，对火灾现场有一个立体的感知，依照预先确定的灭火方案，了解自己的分工和负责的环节。

2. 促进硬件设备的更新

VR技术使消防车的作用得到更大程度的发挥，消防人员的人身安全也会得到更大程度的保障。就目前情况来看，大部分消防车都是急需更新和优化的，消防人员需要处理老旧的器材，使之焕发生命力，这需要更新消防人员的消防课程，还需要进行逼真的消防模拟训练，这些复杂的过程都可以使用VR技术来完成。

3. 完整地分析火灾发生的原因

在以往的火灾现场，消防人员会遇到很多必须使用专业技术才能成功处理的案例，因为仅使用人的眼睛和思维是很难判断的，此时需要利用先进的科学技术加以帮助。消防人员可以运用VR技术创建使人们信服的、有充分科学依据的模型，并通过VR技术比较完整地分析发生火灾的原因，降低操作失误的概率。

4. 实现先进的预警机制和火场指挥

VR技术应用于消防工程的实施过程时，对消防安全重点单位的建筑进行三维建模并存放于系统的大型数据库中，在消防安全重点单位建筑物的重点部位设置感烟、感温等传感器，将这些传感器反馈的信号通过网络传回本系统。这样，一旦发生火情，系统会依据传回的信号在虚拟的场景中标记着火点，消防人员可以通过预先建立的模型了解发生火灾的建筑物的结构，制订救火方案，为救火赢得宝贵的时间。在灭火的过程中，消防指挥人员可以借助GPS实时了解现场消防人员的位置，这不仅大大提高了消防人员的安全系数，而且可以使消防指挥人员了解救援的现场情况，方便指挥和调度。

5. 制订科学高效的现场人员疏散方案

相关人员使用VR技术建立火灾疏散模型，例如，合理设置商场内消防通道的数量，评估位置是否合理，模拟商场高峰期能容纳的人数及通道吞吐量，模拟毒气和烟气、照明强度和逃生通道设施等，对其进行三维实景的试验，从而制订出相对科学合理的人员疏散预案，这个预案可用于消防人员训练和民众逃生训练。

在火灾现场，消防指挥员根据此预案结合现场传递的实时信息，及时执行或做出部分调整，并形成真实的现场人员疏散逃生方案。

2.5 区块链技术

2.5.1 区块链技术的概念

区块链技术是分布式数据存储、点对点传输、共识机制、加密算法等计算机技术在互联网时代的创新应用模式。

1. 区块链技术的原理

① 区块链技术是一种按照时间顺序将数据区块以顺序相连的方式组合成一种链式数据结构的技术。

② 区块链技术收录所有历史交易的总账，每个区块中包含若干笔交易记录，区块链是包含交易信息的区块从后向前有序链接的数据结构。链中的块相当于一本书中的一页，书中的每页都包含文字、故事，每页都有自己的信息，如书名、章节标题、页码等。

③ 在区块链中，每个块都包含关于该块的数据的标题，例如技术信息、对前一个块的引用，以及包含在该块中的数字指纹（又名"散列"）等。散列对于排序和块验证是非常重要的。

2. 区块链技术的特点

① 去中心化：用户之间用点对点的方式交易，地址由参与者本人管理，余额由全局共享的分布式账本管理，安全依赖于所有参加者，由大家共同判断某个成员是否值得信任。

② 透明性：数据库中的记录是永久的、按时间顺序排序的，对于网络上的所有其他节点都是可以访问的，每个用户都可以看到交易的情况。

③ 记录的不可逆性：由于记录彼此关联，一旦在数据库中输入事务并更新了账户，则记录不能更改。

2.5.2 区块链技术在消防安全中的应用

区块链技术在消防安全中的应用，主要可以解决以下问题，以提高消防安全信息化的管理水平。

1. 去中心化实现信息共享

现阶段，消防安全信息系统的建设各自为政，信息共享不足。区块链技术可在不同节点存储并计算不同类型的数据，再将各个节点的数据资源集成到区块链系统中，通过数据加密算法解决数据共享后的权限问题。具体的应用包括视频监控系统、消防装备系统、消防报警系统、调度指挥系统等系统的整合，我们引入区块链技术可以使视频监控部门、装备管理部门和装备使用部门以及现场指挥部门的各项数据整合成一个完整的网络系统，使信息充分共享，从而有效提升消防安全管理的水平。

2. 解决消防安全信息的信任风险

区块链技术拥有开放、透明的特性，系统的参与者能知晓系统的运行规则。由于区块链技术的特点，每个节点上传的数据都是真实完整的，并且具有可追溯性，可有效降低系统的信任风险。我们将区块链技术应用到消防安全管理领域，能确保原始信息的准确性，并能记录信息修改的全过程，可以有效防止信息被人为修改。一些对于消防安全要求较高的场所，如大型酒店、娱乐场所等均可作为区块链技术的单独节点，节点信息可以真实有效地反映当前消防安全的状态，并可及时调整，从而提升消防安全信息的完整度和可信度。

3. 区块链技术在消防问责中的应用

2018年以来，为控制灾害事故的发生，提升责任政府的构建能力，问责制度在公共安全领域被不断深化，消防安全领域的问责尤其显得重要。

区块链技术可以获取数据流，它与智慧消防的融合可以更好地连接所有的消防服务，提高消防的安全性和透明度，为认定消防事故的责任主体提供技术与数据支撑。

第二篇
路 径 篇

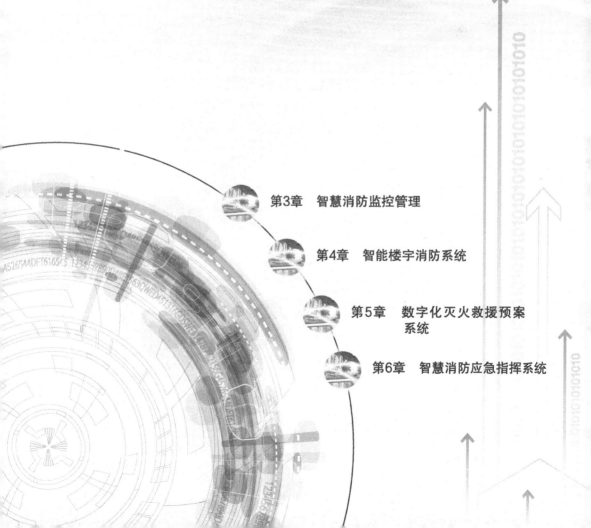

第3章　智慧消防监控管理

第4章　智能楼宇消防系统

第5章　数字化灭火救援预案系统

第6章　智慧消防应急指挥系统

第3章

智慧消防监控管理

　　随着云计算、物联网以及人工智能等技术的进一步发展，智慧消防逐渐走向大众视野。具体来说，智慧消防通过物联网技术可对消防设施进行动态监测以及对现场进行实时监控；设施和重点现场的最新情况和数据始终处于管理人员的掌控之中。智慧消防通过高度可视化的GIS可将设施和现场的动态在二维与三维数字模型上实时展示；出现异常或险情时，能随时定位，并调集所有数据支撑应急预案的快速形成，实现指挥中心和现场的实时互通。智慧消防通过长时间的动态监测、数据积累和平台使用情况的记录，加之历史数据的分析和整理，为火灾的预防工作提供有力支持。

3.1 城市消防远程监控系统的要求

城市物联网消防远程监控系统通过有线、无线通信网络将各建筑物内独立的火灾自动报警系统联网，运用北斗卫星进行定位，并与视频监控联动，对所有联网单位的建筑物进行实时火警监控，对消防设施进行集中管理。该监控系统可广泛应用于社会重点单位、危化品场所、学校、医院、园区、城中村出租屋、银行等场所。

3.1.1 消防远程监控系统的结构及设计原则

消防远程监控系统的结构包含采集层、传输层、应用层，如图3-1所示，采集层感知和采集的是消防建筑物的火灾报警信息和视频监控信息。其中，消防报警联网装置感知和采集的是火灾报警信息，视频联网装置感知和采集的是联动视频信息。

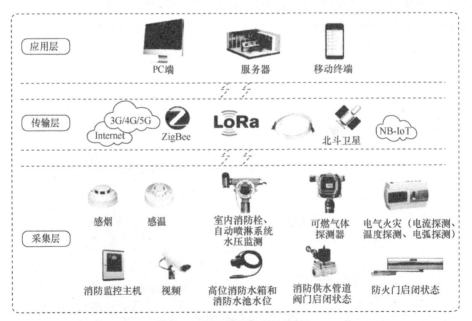

图3-1 消防远程监控系统的结构

传输层是前端联网装置与监控中心之间的专用网，与网络运营商合作，将火灾报警信息、设施状态信息、消防安全管理信息和联动视频信息传送至监控中心。应用层包括两个阶段，监控中心、城市消防接处警中心是第一阶段的应用，消防管理部门和联网用户通过专用网或公用通信网进行第二阶段的应用，如图 3-2 所示。

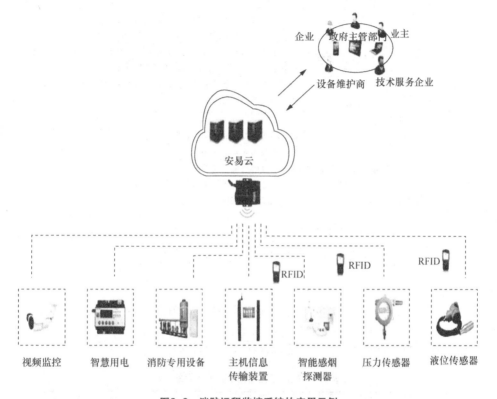

图3-2 消防远程监控系统的应用示例

消防远程监控系统的设计要保证系统具有实时性、适用性、安全性和可扩展性，如图 3-3 所示。

3.1.2 消防远程监控系统的功能要求

消防远程监控系统通过远程监控各建筑物内的火灾自动报警系统等消防设施的运行，及时发现问题，实现快速处置，从而确保建筑物消防设施的正常运行，使这些设施在火灾防控方面的重要作用充分发挥。

实时性 ☞ 系统监控建筑物内火灾自动报警系统等消防设施的运行情况，及时准确地将报警监控信息传送到监控中心，经监控中心确认后将信息传送到消防通信指挥中心，再将故障信息等其他报警监控信息发送到相关部门。报警信息在处理过程中，应体现火警优先的原则

适用性 ☞ 系统提供翔实的入网单位及建筑物消防设施的信息，为消防部门防火及灭火救援提供有效信息。系统主动巡检实施情况，及时发现设备故障，并通知有关单位和消防部门，还可以为城市消防通信指挥系统、重点单位信息管理系统提供联网单位的动态数据

安全性 ☞ 系统必须在合理的访问控制机制下运行。用户访问系统资源时，必须进行身份认证和授权，用户的权限分配应遵循最小授权原则并做到角色分离。系统对用户活动等安全相关事件做好日志记录并定期检查

可扩展性 ☞ 系统的联网用户容量和监控中心的通信传输信道容量、信息存储能力等应留有一定的余量，具备可扩展性

图3-3 消防远程监控系统的设计原则

消防远程监控系统应满足的功能如表 3-1 所示。

表3-1 消防远程监控系统应满足的功能

序号	功能	说明
1	实时监控	系统24小时监控各监测点的实时状态
2	报警提醒	系统收到报警故障信息时，以App/短信等方式将其推送至相关值班人员及负责人员，提醒他们关注报警状况，并及时采取相应措施消除隐患
3	预警处理	系统支持预警处理的全流程跟进，预警处理有据可依
4	GIS定位	系统支持各类型监控设备的地图定位，方便直观快捷查看
5	远程控制	具备权限的管理人员可通过系统或App远程设定监控设备的各种参数值

（续表）

序号	功能	说明
6	数据分析	系统可进行综合性的数据分析，方便报表处理和趋势分析
7	历史记录	所有告警信息及远程操作记录均被写入日志，并可供用户查询调阅
8	权限管理	系统可根据用户的实际业务流程和管理需求，给不同的操作人员分配不同的权限，从而提高系统的整体安全性
9	App联动	系统通过App，相关被授权人员可以随时、随地了解现场情况，掌握系统的安全状态，接收报警信息，并进行远程预警及远程控制

1. 消防远程监控系统的主要性能要求

消防远程监控系统的主要性能要求如下：

① 监控中心能同时接收和处理不小于 3 个联网用户的火灾报警信息；

② 从用户信息传输装置获取火灾报警信息到监控中心接收显示的响应时间不大于 20 秒；

③ 监控中心向城市消防应急指挥中心或其他接警中心转发经确认的火灾报警信息的时间不大于 3 秒；

④ 监控中心与用户信息传输装置之间的通信巡检周期不大于 2 小时，并能动态设置巡检方式和时间；

⑤ 监控中心的火灾报警信息、建筑消防设施运行状态信息等记录应备份，保存周期不少于 1 年；按年度进行统计处理后，保存至光盘、磁带等存储介质上；

⑥ 录音文件的保存时间不小于 6 个月；

⑦ 系统具有统一的时钟管理，累计误差不大于 5s。

2. 消防远程监控系统的信息传输要求

城市消防远程监控系统的联网用户是指将火灾报警信息、消防设施运行状态信息和消防安全管理信息传送到监控中心，并能接收监控中心发送的相关信息的单位。设置火灾自动报警系统的单位一般被列为系统的主要联网用户，未设置火灾自动报警系统的单位也可以作为系统的联网用户。

联网用户按表 3-2 所列内容将建筑及维护保养消防设施的运行状态信息实时发送至监控中心，按表 3-3 所列内容将消防安全管理信息发送至监控中心。其中，日常防火巡查记录和消防设施定期检查及维护保养信息应在检查完毕后的当日发送至监控中心，其他发生变化的消防安全管理信息应在 3 日内发送至监控中心。

表3-2　火灾报警信息和建筑物消防设施的运行状态信息

设施名称		内容
火灾探测报警系统		火灾报警信息、可燃气体探测报警信息、电气火灾监控报警信息、屏蔽信息、故障信息
消防联动控制系统	消防联动控制器	联动控制信息、屏蔽信息、故障信息、受控现场设备的联动控制信息和反馈信息
	消火栓系统	系统的手动、自动工作状态，消防水泵电源的工作状态，消防水泵的启、停状态和故障状态，消防水箱（池）水位、管网压力报警信息
	自动喷水灭火系统、水喷雾灭火系统	系统的手动、自动工作状态，喷淋泵电源工作状态、启停状态、故障状态，水流指示器、信号阀、报警阀、压力开关的正常工作状态、动作状态，消防水箱（池）水位、管网压力报警信息
	气体灭火系统	系统的手动、自动工作状态及故障状态，阀驱动装置的正常工作状态和动作状态，防护区域中的防火门窗、防火阀、通风空调等设备的正常工作状态和动作状态，系统的启动和停止信息，时延状态信号、压力反馈信号、喷洒各阶段的动作状态
	泡沫灭火系统	消防水泵、泡沫液泵电源的工作状态，系统的手动、自动工作状态及故障状态，消防水泵、泡沫液泵、管网电磁阀的正常工作状态和动作状态
	干粉灭火系统	系统的手动、自动工作状态及故障状态，阀驱动装置的正常工作状态和动作状态，时延状态信息、压力反馈信号、喷洒各阶段的动作状态
	防烟排烟系统	系统的手动、自动工作状态，防排烟风机、防火阀、排烟防火阀、常闭送风口、排烟口、电控挡烟垂壁的工作状态、动作状态和故障状态
	防火门及卷帘系统	防火卷帘控制器、防火门监控器的工作状态和故障状态，用于公共疏散的各类防火门的工作状态和故障状态等动态
	消防电梯	消防电梯的停用和故障状态
	消防应急广播	消防应急广播的启动、停止和故障状态
	消防应急照明和疏散指示系统	消防应急照明和疏散指示系统的故障状态和应急工作状态信息
	消防电源	系统内各消防用电设备的供电电源（包括交流和直流电源）和备用电源的工作状态

表3-3 消防安全管理信息

序号	名称		内容
1	基本情况		单位名称、编号、类别、地址、联系电话、邮政编码、消防控制室电话；单位职工人数、成立时间、上级主管（或管辖）单位名称、占地面积、总建筑面积、建筑总平面图（含消防车道、毗邻建筑物等）；单位法人代表、消防安全责任人员、消防安全管理人及专/兼职消防管理人员的姓名、身份证号码、电话号码
2	主要建筑物等信息	建筑物	建筑物名称、编号、使用性质、耐火等级、结构类型、建筑高度、地上层数及建筑面积、地下层数及建筑面积、隧道高度及长度、建造日期，主要存储物名称及数量，建筑物内最大容纳人数、建筑物立面图及消防设施平面布置图，消防控制室位置、安全出口的数量、位置及形式（指疏散楼梯），毗邻建筑物的使用性质、结构类型、建筑物高度、与本建筑物的间距
		堆场	堆场名称、主要堆放物品名称、总储量、最大堆高、堆场平面图（含消防车道、防火间距）
		储罐	储罐区名称、储罐类型（地上、地下、立式、卧式、浮顶、固定顶等）、总容积、最大单罐容积及高度、存储物名称、性质和形态、储罐区平面图（含消防车道、防火间距）
		装置	装置区名称、占地面积、最大高度、设计日产量、主要原料、主要产品、装置区平面图（含消防车道、防火间距）
3	单位（场所）内消防安全重点部位信息		重点部位名称、所在位置、使用性质、建筑面积、耐火等级、有无消防设施，责任人姓名、身份证号码及电话号码
4	室内外消防设施信息	火灾自动报警系统	设置部位、系统形式、维保单位名称、联系电话、控制器（含火灾报警、消防联动、可燃气体报警、电气火灾监控等）、探测器（含火灾探测、可燃气体探测、电气火灾探测等）、手动火灾报警按钮、消防电气控制装置等的类型、型号、数量、制造商、火灾自动报警系统图
		消防水源系统	市政给水管网形式（环状、支状）及管径、市政管网向建筑物供水的进水管数量及管径、消防水池位置及容量、屋顶水箱位置及容量、其他水源形式及供水量、消防水泵房的位置及水泵数量、消防给水系统平面布置图
		室外消火栓系统	室外消火栓管网形式（环状、支状）及管径、消火栓数量、室外消火栓平面布置图
		室内消火栓系统	室内消火栓管网形式（环状、支状）及管径、消火栓数量、水泵接合器位置及数量、有无与本系统相连的屋顶消防水箱

序号	名称		内容
4	室内外消防设施信息	自动喷水灭火系统（含雨淋、水雾）	设置部位、系统形式（湿式、干湿、预作用、开式、闭式等）、报警阀的位置及数量、水泵接合器的位置及数量、有无与本系统相连的屋顶消防水箱、自动喷水灭火系统图
		水喷雾灭火系统	设置部位、报警阀位置及数量、水喷雾灭火系统图
		气体灭火系统	系统形式（有无管网、组合分配、独立式、高压、低压等）、系统保护的防护区数量及位置、手动控制装置的位置、钢瓶间位置、灭火剂类型、气体灭火系统图
		泡沫灭火系统	设置部位、泡沫种类（低倍、中倍、高倍、抗溶、氟蛋白等）、系统形式（液上、液下、固定、半固定等）、泡沫灭火系统图
		干粉灭火系统	设置部位、干粉储罐位置、干粉灭火系统图
		防烟排烟系统	设置部位、风机安装位置、风机数量、风机类型、防烟排烟系统图
		防火门及卷帘系统	设置部位、数量
		消防应急广播	设置部位和数量、消防应急广播系统图
		应急照明及疏散指示系统	设置部位和数量、应急照明及疏散指示系统图
		消防电源	设置部位、消防主电源在配电室是否有独立配电柜供电、备用电源形式（市电、发电机、备用电源等）
		灭火器	设置部位、配置类型（手提式、推车式等）、数量、生产日期、更换药剂日期
5	消防设施定期检查及维护保养信息		检查人姓名、检查日期、检查类别（日检、月检、季检、年检等）、检查内容（各类消防设施相关技术规范规定的内容）及处理结果，维护保养日期、内容
6	日常防火巡查记录		值班人员姓名、巡查时间、巡查内容（用火、用电有无违章情况），安全出口、疏散通道、消防车道是否畅通
			安全疏散指示标志、应急照明是否完好，消防设施、器材和消防安全标志是否在位、完整，常闭式防火门是否处于关闭状态，防火卷帘门下放位置是否堆放物品影响使用，消防安全重点部位的人员是否在岗等
7	火灾信息		起火时间、起火部位、起火原因、报警方式（自动、人工等）、灭火方式（气体、水喷雾、泡沫、干粉灭火系统），灭火器，消防队等

3. 报警传输网络与系统连接

城市消防远程监控系统的信息传输可采用有线通信方式或无线通信方式。报警传输网络可采用公用通信网或专用通信网。

（1）报警传输网络

传输方式不一样，报警传输网络的接入方式也不一样，具体见表3-4。

表3-4 报警传输网络的接入方式

通信方式	接入方式
有线通信方式	① 用户信息传输装置和报警受理系统通过电话用户线或电话中继线接入公用电话网； ② 用户信息传输装置和报警受理系统通过电话用户线或光纤接入公用宽带网； ③ 用户信息传输装置和报警受理系统通过模拟专线或数据专线接入专用通信网
无线通信方式	① 用户信息传输装置和报警受理系统通过移动通信模块接入公用移动通信网； ② 用户信息传输装置和报警受理系统通过无线电收发设备接入无线专用通信网； ③ 用户信息传输装置和报警受理系统通过集群语音通路或数据通路接入无线电集群专用通信网

（2）系统连接与信息传输

为保证城市消防远程监控系统的正常运行，用户信息传输装置与监控中心应通过报警监控网传输信息，其通信协议应满足国家相关标准的规定。

联网用户的建筑物消防设施宜采用数据接口的方式与用户信息传输装置连接，不具备数据接口的设施可通过开关接口方式连接。远程监控系统在城市消防应急指挥中心或其他接处警中心设置火警信息终端，以便指挥中心及时获取火警信息。火警信息终端与监控中心的信息传输应通过专线（网）进行。远程监控系统为相关消防部门设置信息查询接口，以便消防部门进行建筑物消防设施运行状态信息和消防安全管理信息的查询。远程监控系统为联网用户设置信息服务接口。

4. 系统设置与设备配置

地级及以上城市应设置一个或多个远程监控系统，单个远程监控系统的联网用户数量不宜超过5000。县级城市宜设置一个远程监控系统，或与地级及以上城市远程监控系统合用。监控中心应被设置在耐火等级为一、二级的建筑物中，且

宜设置在比较安全的位置；监控中心不能布置在电磁场干扰较强处或其他影响监控中心正常工作的设备用房周围。用户信息传输装置一般设置在联网用户的消防控制室内。当联网用户未设置消防控制室时，用户信息传输装置宜设置在有人员值班的场所。

5. 系统的电源要求

监控中心的电源应按所在建筑物的最高负荷等级配置，且不低于二级负荷，并保证不间断供电。用户信息传输装置的主电源应有明显标识，且直接与消防电源连接，不应使用电源插头；与其他外接备用电源也应直接连接。

用户信息传输装置应有主电源与备用电源之间的自动切换装置。当主电源断电时，传输装置能自动切换到备用电源上；当主电源恢复时，传输装置也能自动切换到主电源上。主电源与备用电源的切换不能使传输装置产生误动作。备用电源的电池容量应能保证传输装置在正常监控状态下至少工作 8 小时。

6. 系统的安全性要求

（1）网络安全要求

各类系统接入远程监控系统时应保证网络连接安全。工作人员对远程监控系统资源的访问要有身份认证和授权。各单位要建立网管系统，设置防火墙，对计算机病毒进行实时监控和报警。

（2）应用安全要求

监控中心应有火灾报警信息的备份应急接收功能，相关数据库服务器有备份功能，还应具备防止修改火灾报警信息、建筑物消防设施运行状态信息等原始数据的功能和系统运行记录。

3.2　智慧消防监控系统运作流程

3.2.1　火警监控与灭火救援联动流程

火警监控与灭火救援联动流程如图 3-4 所示。

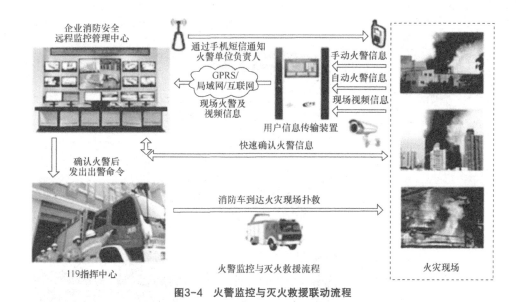

图3-4 火警监控与灭火救援联动流程

3.2.1.1 用户信息传输装置

用户信息传输装置是指安装在每个联网单位内的、用于监控火灾自动报警系统运行状态的信息设备。该装置采集的各种信息通过企业局域网、电话网、移动数据网等方式传送到监控管理中心。对于需要采集视频信息的联网单位,该装置连接联网单位的视频设备后,根据监控管理中心指令将视频信号传送到监控管理中心。

3.2.1.2 监控管理中心

监控管理中心实时接收用户信息传输装置发送的报警信息和报警点周围的图像信息,并通过现场数据、图像、语音等信息分析确定是真实火警或疑似火警。监控管理中心按照不同的接收信息自动分类,并按照火警优先的策略处理报警信息。监控管理中心是整个系统的核心,系统可以实时接收用户信息传输装置发送的多种信息,如数据信息、视频、语音信息等,并由值班人员处理,对于真实火警信息,立即报企业或城市119指挥中心。

3.2.2 巡检查岗流程

巡检查岗流程如图3-5所示。

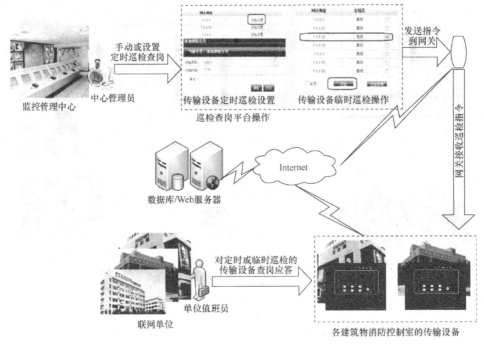

图3-5　巡检查岗流程

巡检查岗作业项目包括以下4方面的内容。

（1）定时巡检查岗

传输设备上设置定时查岗的时间，系统会自动将巡检指令发送至传输设备上。

（2）临时巡检查岗

系统临时选择传输设备查岗列表中的在线传输设备，并将巡检指令发送至这些传输设备中。

（3）巡检应答

传输设备接收到巡检指令后，巡检指标灯亮，值班人员巡检时操作"巡检"按钮应答。

（4）巡检查岗日志

日志可以统计和查看传输设备巡检指令发出的时间、应答的时间，以便值班人员及时了解巡检查岗的情况。

3.2.3　消防维保服务流程

消防维保服务流程为：联网单位的值班人员或单位领导等发现消防器材出现

问题，通过消防终端扫描、拍照上传服务申请，监控管理中心服务受理员获取申请信息，受理通过后将申请信息提交给服务调度人员，调度人员通过维保工程师的地理动态位置就近调度服务作业，维保工程师通过消防终端接收服务任务，维保工程师通过服务单位的定位到现场为客户服务作业，具体如图3-6所示。

图3-6　消防维保服务流程

3.2.4　消防设施维护管理作业流程

消防设施维护管理作业流程为：根据联网单位与监控管理中心签订的维保服务合同，消防设施维护管理单位制订维保服务周期作业配置计划，监控管理中心作业调度员调度作业任务给巡查员，巡查员接收作业任务，到申报单位进行消防设施巡查、检测等作业，具体如图3-7所示。

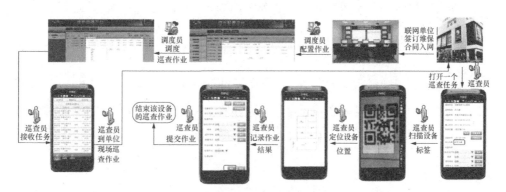

图3-7　消防设施维护管理作业流程

3.2.5 消防监督检查作业流程

消防监督检查作业流程：消防监督员根据管辖片区单位情况制订消防监督检查任务，监督员到现场监督检查，检查作业内容并确认，提交作业做出检查处理，检查不合格则下发处理通知，具体如图3-8所示。

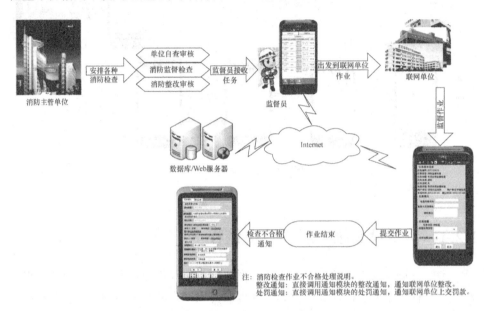

图3-8 消防监督检查作业流程

消防监督检查作业项目包括以下3方面内容。

（1）单位自查审核

单位的消防自查，如巡查、值班等检查作业，提交给消防监督员由其确认审核。

（2）消防监督检查

消防监督检查包括消防重点单位的定期监督检查、一般单位的抽样性监督检查、建筑物举行大型群众性活动前的监督检查、重大节日的监督检查和专项治理检查等。

（3）消防整改审核

消防检查、消防验收时要求单位进行整改，单位整改后，消防监督员确认审核整改作业。

3.3　监控管理中心设计

监控管理中心是整个系统的核心，主要职能是接警管理、报警确认、故障处理、维护管理和监督管理。系统可以实时接收消防联网传输终端和消防物联智能终端发送的多种信息，如数据信息、视频、语音信息等，值班人员、管理人员处理分析这些信息，对于真实的火警信息，立即报119指挥中心。监控管理中心的设计结构以及功能的完备和可扩展性对于整个系统的可用性具有重要意义。

3.3.1　监控管理中心的核心硬件平台

监控管理中心硬件系统主要由监控台、坐席计算机、显示系统和网络等组成。

3.3.1.1　服务器

监控管理中心的服务器可以采用租用消防物联网服务器或自主采购服务器搭建的方式。自主采购的服务器包括通信服务器、文件服务器、地理信息应用服务器、数据库服务器、网络视频服务器、PSTN服务器等。

3.3.1.2　存储要求

监控管理中心应重点考虑系统数据的存储，同时考虑视频存储，按照有需要才存储视频的原则，要求配置易于空间管理、数据搜索以及容量10TB以上的存储区域网络（Storage Area Network，SAN）存储系统。

3.3.1.3　图文显示系统

大型动态图文信息显示系统是监控中心的显示核心，以高质量的视频及高分辨率的计算机图像集中显示全系统的各类视频监控状况信息、地理信息、设备运行状况等。

3.3.2　监控管理中心的应用系统

　　应用系统负责所有监控器的报警、故障、状态信息的采集和管理，检测网络连接的状态，还负责对各消防设施信息系统的信息发送、控制，提供各种定时服务功能，具体包括查岗、巡检等，提供消防监督检查、维修、保养、质检等各种设备的相关作业平台。应用系统的功能模块及功能描述见表3-5。

表3-5　应用系统的功能模块及功能描述

编号	系统名称	功能简述
1	消防远程监控平台	实现消防远程监控系统的功能
	报警受理系统	实时监控火警、故障、设备运行、联网在线
	视频监控系统	实时监控火警、故障现场
	信息查询系统	查询联网单位、监控历史等信息
	动态警情地图	大屏动态实时地图显示警情
2	维保智能服务平台	实现消防维保智能服务的调度和作业
	服务受理系统	受理客户反馈的维保服务申请和投诉
	服务调度系统	调度服务申请给维保工程师并进行服务作业
	服务作业系统	维保服务作业和审核
	信息查询系统	查询联网单位、历史监控等信息
	人员动态管理系统	通过维保工程师消防手机终端动态管理地图
3	消防维护管理平台	实现联网建筑物消防设施的维护管理
	周期配置管理	配置联网单位消防设施的检查周期
	作业调度系统	调度作业任务给作业员到现场作业
	作业管理系统	维护作业和审核
	信息查询系统	查询联网单位、历史监控等信息
4	消防监督管理平台	实现消防主管单位办公、检查等的监督管理
	消防办公	消防检查、消防通知、消防受理等办公事项
	调度管理	实现对消防车辆、人员、物资等的管理和调度
	片区管理	管理、查询片区入网单位建筑物的消防设施情况
	查询统计	查询、统计城市消防检查、消防设施状况等

（续表）

编号	系统名称	功能简述
5	用户服务平台	实现联网单位服务及单位联网信息的查询
	用户服务	实现服务申请、投诉、预约、通知处理等
	联网信息	查询单位建筑物联网的相关信息
6	用户信息平台	实现监控管理中心的建设及联网单位的信息入网
	监控管理中心信息	管理监控管理中心和片区的信息
	联网单位信息	录入联网单位的信息数据和建设管理的信息
	中心公告/新闻	发布中心新闻、公告等信息
7	中心配置平台	配置监控管理中心相关账户等信息
	用户管理信息	管理中心账户、档案、合同等信息
	设备协议维护	物联传输终端、传输设备等的维护和升级
	中心管理	管理监控管理中心值班查岗、传输设备等
8	手机消防终端	针对中心和联网单位的不同用户配置手机消防终端作业或管理
	我的任务	消防设施维护管理作业任务、消防维保服务作业任务、消防监督管理检查任务等
	远程监控	手机终端远程监控火警、故障、设备运行、网关、视频等实时信息
9	警情播报	随时接收实时的火警信息
	我的片区	利用手机终端查询管理片区内的单位消防情况
	我的办公	实现不同角色用户的办公系统
	查询统计	手机终端查询统计需要的信息
	公共信息	查询、浏览消防新闻、消防公告、消防知识、消防培训、联网消防产品认证等信息

3.3.3 监控管理中心的客户端接入系统

监控管理中心的客户端接入系统是消防联网传输终端的火灾自动报警系统。

（1）总体设计

具备火灾自动报警系统的单位可直接安装消防联网传输终端，没有安装火灾自动报警系统的单位应先安装火灾自动报警系统，再安装消防物联传输终端或采

用安装二维码进行无源联网。

（2）消防联网传输终端

消防联网传输终端的核心功能是接收联网用户的火灾报警信息及查看建筑消防设施的运行状态，并将信息通过报警传输网络发送至监控管理中心。消防联网传输终端的基本功能如下：

① 接收联网用户的火灾报警信息，并将信息通过报警传输网络发送至监控管理中心；

② 查看消防设施的运行状态，并将状态信息通过报警传输网络发送至监控管理中心；

③ 优先传送火灾报警信息和手动报警信息；

④ 具有设备自检和故障报警的功能；

⑤ 具有主、备用电源自动转换的功能，备用电源的容量要保证用户信息传输装置连续正常工作的时间不小于 8 小时；

⑥ 满足 GB 16806—2006《消防联动控制系统》的要求；

⑦ 提供 RS232、RS485、开关量等多种接口方式与消防设施连接；

⑧ 火警具有最高的优先级别，提供多种火警的确认方式；

⑨ 随机查询值班人员的在岗状态；

⑩ 提供视频联动的功能；

⑪ 提供与监控管理中心对讲的功能；

⑫ 实时监测通信线路，报警并记录线路故障现场的情况；

⑬ 支持键盘、串口和远程遥控编程操作；

⑭ 黑匣子存储各类事件信息，如存储报警过程；

⑮ 提供视频联动的功能；

⑯ 自动与监控管理中心核对时间。

（3）检测及上传

检测及上传的功能如下：

① 检测消防联网传输终端的开关机信息并实时向上位机发送信息；

② 检测有源开关量的火警并实时向上位机发送信息；

③ 采集来自消防联网传输终端的火灾报警、探头故障等信息并做相应的处理；根据报警现场的实际情况，消防联网传输终端可向上位机发送自动火警、真实火警或误报火警的信息。

（4）信息采集内容

消防联网传输终端通过上述方式采集火灾自动报警系统的火警故障及各种运行状态的信息，采集的信息如下：

① 入网单位的负责人、联系电话、值班电话；

② 火灾自动报警信息；

③ 探测器的详细信息（火警、故障）；

④ 探测器编号、所在楼层、所在房间、探测器的用途、探测器类型；

⑤ 设备启动和停止信息；

⑥ 模块编码、所在楼层、所在位置、模块类型、模块状态（启动、停动）；

⑦ 总线位置、总线状态（故障、正常）；

⑧ 主备电的主电、备电、主电故障、备电故障、主电恢复、备电恢复的信息；

⑨ 火灾报警控制系统与消防联网传输终端的连接状态（正常、断开）；

⑩ 主机状态（开机、关机）。

（5）组网方式

客户端接入系统应支持 VPN 组网、基于 TCP/IP 的 CDMA（Code Division Multiple Access，码分多址）/GPRS（General Packet Radio Service，通用分组无线服务技术）无线网络、PSTN、宽带、近距离的串行总线网络等架构。本次网络设计拟优先选用 ADSL（Asymmetric Digital Subscriber Line，非对称数字用户环路）+ VPN 模式。

在消防应急边界接入平台许可的条件下，接入系统应考虑对部分企业采用公共宽带的接入方式。

3.3.4 监控管理中心的通信接口服务系统

监控管理中心的通信接口服务系统应具备以下模块。

（1）TCP/IP 宽带通信服务器的软件模块

该模块采集 TCP/IP 终端设备的上传信息、接收服务器软件的巡检信息，向相应的 TCP/IP 网络监控器发送巡检命令。

（2）PSTN 通道控制、电话交换系统的软件模块

该模块采集电话线终端设备的上传信息，并执行巡检、电话呼入和呼出的操作等。

（3）监控管理中心主叫识别系统的软件模块

该模块的作用是显示来电信息。

（4）数据接收、处理和接口开发模块

该模块要求提供基于 WebService/OPC（OLE for Process Control，用于过程控制的 OLE）协议的第三方接口模块，实现以下功能：

① 实现联网传输终端数据的接收、处理、判断和命令的发出功能，并将信息

存储到监控管理中心的数据库管理系统,以便监控和管理远端联网单位的现场状况;

② 开发联网传输终端与消防火灾报警控制器的接口协议;

③ 开发联网传输终端与各消防重点单位接入的视频录像机、视频矩阵的接口。

3.4　消防物联网综合管理系统

3.4.1　消防远程监控平台的功能

3.4.1.1　基本功能及要求

① 实时监控和处理火警信息。

② 实时监控和处理故障信息。

③ 监控和处理设备运行情况。

④ 查询联网网关在线情况及手动查岗。

⑤ 检查联网单位火灾视频监控要求。

⑥ 显示报警联网用户的报警时间、名称、地址、联系电话、内部报警点位置、地理信息等。

⑦ 核实和确认火灾报警信息,确认后应将报警联网用户的名称、地址、联系电话、内部报警点位置、监控中心接警员等信息传送到城市消防指挥中心的火警信息终端,并显示火警信息终端的应答信息。

⑧ 接收、存储用户信息传输装置发送的消防设施的运行状态信息,跟踪、记录、查询和统计消防设施的故障信息。

⑨ 自动或手动对用户信息传输装置进行巡检测试,并显示巡检测试的结果。

⑩ 显示、查询报警信息的历史记录和相关信息。

⑪ 与联网用户进行数据或图像通信。

⑫ 具有消防地理信息系统的基本功能。

3.4.1.2　报警受理系统

报警受理系统是指设置在监控管理中心,接收、处理联网用户按规定协议发送的火灾报警信息、建筑消防设施运行状态信息，并能向城市消防应急指挥中心或其他接处警中心发送火灾报警信息的系统。报警受理系统的功能及调试要求见表 3-6。

表3-6 报警受理系统的功能及调试要求

报警受理系统应具备的功能	报警受理系统的调试要求
① 接收、处理用户信息传输装置发送的火灾报警信息； ② 显示报警联网用户的报警时间、名称、地址、联系电话、内部报警点位置、地理信息等； ③ 核实和确认火灾报警信息，确认后将报警联网用户的名称、地址、联系电话、内部报警点位置、监控中心接警员等信息传送到城市消防应急指挥中心或其他接处警中心的火警信息终端，并显示火警信息终端的应答信息； ④ 接收、存储用户信息传输装置发送的消防设施的运行状态，跟踪、记录、查询和统计消防设施的故障信息，并将其发送至相应的联网用户； ⑤ 自动或手动对用户信息传输装置进行巡检测试，并显示巡检测试结果； ⑥ 查询、显示报警信息的历史记录和相关信息； ⑦ 与联网用户的语音、数据或图像通信的信息； ⑧ 实时记录报警受理的语音及相应时间，且原始记录信息不能被修改； ⑨ 具有系统自检及故障报警功能； ⑩ 具有系统启、停时间的记录和查询功能； ⑪ 具有消防地理信息系统的基本功能	① 模拟一起火灾报警，检查报警受理系统接收用户信息传输装置发送的火灾报警信息的正确性，检查报警受理系统接收和显示火灾报警信息的完整性，检查报警受理系统与发出模拟火灾报警信息的联网用户进行警情核实和确认的功能，并检查城市消防应急指挥中心接收经确认的火灾报警信息的内容完整性； ② 模拟各种消防设施的运行状态及变化，检查报警受理系统接收并存储消防设施运行状态信息的完整性，跟踪消防设施的故障信息，实现记录和查询的功能，还要检查故障报警信息是否能发送到联网用户的相关人员； ③ 向用户信息传输装置发送巡检测试指令，检查用户信息传输装置接收巡检测试指令的完整性； ④ 报警信息的历史记录查询功能； ⑤ 检查报警受理系统与联网用户进行语音、数据或图像通信的功能； ⑥ 报警受理系统中报警受理的语音和相应时间的记录功能； ⑦ 模拟报警受理系统故障，检查声、光提示的功能； ⑧ 报警受理系统启、停时间的记录和查询功能； ⑨ 检查消防地理信息系统是否具有显示城市行政区域、道路、建筑、水源、联网用户、消防站及责任区等地理信息及其属性信息，并提供编辑、修改、放大、缩小、移动、导航、全屏显示、图层管理等功能

3.4.1.3 视频监控系统

视频监控系统主要对重点的消防通道、消控室、消防设备机房、消防重点监控区域等进行 24 小时的录像，同时可将录像传输至监控管理中心并与报警信号联动。监控管理中心一旦有设备报警，附近的监控视频同时显示报警区域的影像。

视频监控系统是消防通道可视化监管的重点，为消防监管提供了一种安全监视的技术手段，消防通道一旦出现堵塞、占用等情况，系统应及时通知场所相关人员进行整改，时刻保持通道的畅通。

视频监控系统主要由前端摄像机、视频显示设备、控制键盘、视频存储设备、相关应用软件以及其他传输、辅助类设备组成。该系统具有可扩展性和开放性等特点，以方便未来的系统扩展和与其他系统的集成。

（1）视频监控系统的功能

视频监控系统的功能见表3-7。

表3-7　视频监控系统的功能

序号	功能	说明
1	视频采集	①采集和传输不同分辨率下的全天实时视频； ②支持动态调节视频的亮度、对比度、饱和度等参数
2	云镜控制	①支持水平、垂直转动和变焦的远程控制功能； ②支持守望功能，即在设定时间内没有接收控制信号就自动运行设定的工作，包括调用预置点、巡航扫描等； ③支持预置点功能，即记录某个监控点的方位、倍数，快速调用预置点时，设备会转到该预置点实施监控； ④当发生告警时，联动云台摄像机转动到预置点或执行巡航扫描，转动到预案指定位置，记录详细情况
3	本地存储	在网络发生中断时，前端采集的视频信息被存储于摄像机内置的SD（Secure Digital Memory Card，安全数码卡）卡中，网络恢复后，SD卡内的录像可通过网络被回传至中心机房存储设备
4	运行维护	①提供摄像机的工作状态； ②支持中心对摄像机的批量校时； ③远程重启摄像机
5	智能侦测	具备全面智能侦测分析功能，可以有效提升监控系统的效果，减少监控人员的工作量，支持的智能侦测手段如下： ①越界侦测； ②区域入侵侦测； ③进入/离开区域侦测； ④徘徊侦测； ⑤人员聚集侦测； ⑥快速运动侦测； ⑦物品遗留/拿取侦测
6	录像存储设计	本地部署NVR时，该功能用于存储所有前端监控摄像头的实时监控录像，保证所有镜头24小时不间断存储至少30天的历史图像数据

（2）消防通道的视频监控

视频监控系统最直接、最主要的作用就是使管理人员能远程、实时掌握各场所消防通道的情况。消防通道主要由疏散通道、安全出口两部分组成，如图3-9所示。疏散通道主要包括人员疏散的走道、房间出口；安全出口包括建筑内部保证人员安全疏散的楼梯或直通室外地平面的出口。

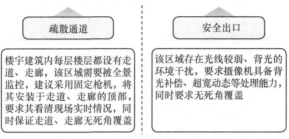

图3-9 消防通道的组成

（3）重点部位的视频监控

重点联网单位的视频监控系统主要包括消防控制室的视频监控（用于观察消防控制室值班人员的工作状态）、消防通道、逃生通道、重点监控区域等。

随着需求的增加和技术的积累，视频监控朝着高清化和智能化的方向快速发展，智能化包括智能编码、智能控制和智能侦测：智能编码主要解决由于视频流码率相对大而引起的存储量大的问题；智能控制则优化图像效果；智能侦测根据预先设置的条件或者规则，对视频进行智能化的提取和分析，将非结构化视频变成半结构化数据，便于平台的管理和应用。智能侦测的方式如图 3-10 所示。

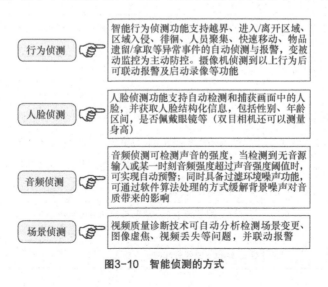

图3-10 智能侦测的方式

（4）人员值守监测报警

视频监控系统对有条件的消防控制室进行人员的监测，实时了解现场是否有人员值守，例如，某单位消防控制室 2 个小时无人出现或无报警行为等。双鉴探测器宜采用"红外＋微波＋微处理"的技术手段，确保探测器的准确性，全方位自动补偿温度，具有超强的抗误报能力和动态阈值调节技术，能有效地防止干扰。根据实际的环境我们可选用吸顶安装全方位 360° 探测和壁挂安装方式。

3.4.1.4　信息查询系统

信息查询系统是为相关部门提供信息查询的系统。信息查询系统应具有下列功能：

① 查询联网用户的火灾报警信息；

② 查询联网用户的建筑消防设施的运行状态及信息；

③ 查询联网用户的消防安全管理信息；

④ 查询联网用户的日常值班、在岗等信息；

⑤ 对以上信息，按日期、单位名称、单位类型、建筑物类型、建筑消防设施类型、信息类型等检索项进行检索和统计。

信息查询系统的实际功能模块见表 3-8。

表3-8　信息查询系统的实际功能模块

序号	功能	说明
1	用户信息查询	显示监控管理中心对应联网单位的列表，选择具体单位查看联网单位的详细信息
2	历史记录查询	包括查询实时监控历史、短信通知历史，打开对应的历史记录列表，查看基本的历史记录信息
3	实时监控历史	查看火警、故障、设备运行、联网在线等的历史记录
4	短信通知历史	打开短信通知历史记录列表，可以查看火警通知短信的历史记录情况
5	作业日志查询	包括传输设备操作日志、传输设备查岗日志、传输设备屏蔽日志
6	传输设备操作日志	针对传输设备手动报警、自检、消音、巡检应答等相关操作的日志记录
7	传输设备查岗日志	传输设备发出的巡检指令操作和消防值班人员应答指令操作的日志记录
8	传输设备屏蔽日志	针对传输设备开启、屏蔽操作所做的日志记录
9	火灾成灾查询	可查询监控管理中心各联网单位的火灾成灾记录
10	统计信息查询	按年、月统计火警、故障等信息，统计条件包括监控管理中心、单位、统计类型、统计时间等

3.4.1.5 报警语音播放控制模块

当报警信息到达监控管理中心时，该模块播放相应的提示语音。

3.4.1.6 119火警终端模块

系统设置确认火警信息显示终端，并配置确认火警管理模块以接收和显示客户端经过确认的火警信息。

该模块首先在警情排队列表中显示警情信息，并弹出提示处理的窗口，同时播放警告声音或启动警号，并向地图软件发送定位信息，列表上部显示选中的警情记录信息，工作人员可以打印警情记录信息，也可以通过单击"处理"按钮把警情记录转移到历史警情中，在历史警情中做相应的查询操作。

3.4.1.7 录音系统软件

实时记录报警监控语音信息及相应时间，具体功能如下：

① 自动识别电话网中的振铃、挂机信号，一方挂机即自动停止录音；

② 录音包括接处警问询、巡检、巡查过程等重要的通话记录等；

③ 自动与报警监控中心的时间同步；

④ 记录的原始语音和时间信息不可更改；

⑤ 以多种方式检索查询记录信息，重播、显示、拷贝记录等操作；

⑥ 当记录信息超过设定的存储容量时，发出提示信号；当发生火灾报警时，可以通过短信或语音进行报警提示。

3.4.2 维保智能服务平台的功能

3.4.2.1 基本功能及要求

维保智能服务平台的基本功能及要求如下。

① 受理客户申请的维保服务。

② 对通过申请的维护服务进行作业调度。

③ 维保工程师根据作业调度到现场作业。

④ 调度作业能通过人员动态地图显示维保工程师当前所在的位置和被服务单位的地理位置，方便系统调度。

⑤ 维保工程师可以通过消防终端到现场为客户进行服务作业。

⑥ 作业需由客户评价和审核。

⑦ 服务信息全面，应包括客户的姓名、电话、服务内容、优先级别、地理位置、平面图等，维保工程师能很方便地实现维保。

⑧ 查询维保服务历史记录和统计。

3.4.2.2　服务受理系统

服务受理系统主要负责受理联网单位客户提交的服务申请，其具体功能示例见表3-9。

表3-9　服务受理系统的具体功能示例

序号	功能	说明
1	客户申请管理	显示客户申请管理列表，可对列表执行相关查询、导出操作。申请状态为"待审核"的服务申请是需要审核的申请，单击"申请审核"查看服务申请的详细信息，并根据客户的联系方式联系客户并沟通具体服务的内容，并将相应记录填写在"补充说明"里，将其作为调度人员的参考资料
2	客户投诉管理	显示客户投诉列表，可对列表做查询、导出操作，客户投诉管理是指处理客户在线提交的投诉信息，单击"处理"可回复投诉信息，也可单击"终止任务"结束投诉信息

3.4.2.3　服务调度系统

服务调度系统将受理审核通过的服务申请单下发到指定的维修人员的手机上，操作人员在系统上单击"调度"，进入申请单调度详情页面，系统结合要服务的客户地址与维修人员在地图上的位置选择合适的维修人员并将任务下发给选定的维修人员。

3.4.2.4　人员动态管理

人员动态管理是管理和跟踪维修人员在某段时间的位置，实时了解维修人员的地理位置，以便系统管理和调度维修人员。

① 人员动态：实时查看维修人员的地理位置。

② 人员轨迹：可查询维修人员的历史轨迹，明确维修人员在某段时间内的轨迹。

③ 人员考勤：管理维修人员的考勤，查看维修人员是否在指定时间内上下班。

3.4.2.5　信息查询系统

信息查询系统主要负责查询联网单位数据、统计信息、历史记录、作业日志等工作，包括用户信息查询、统计信息查询、历史记录查询、作业日志查询4个功能菜单。

（1）用户信息查询

用户信息查询是查询联网单位的数据。相关人员根据权限设置可查看系统中联网单位的基本数据，操作人员在系统中单击"详细信息"链接可进入详细信息页面，查看联网单位的基本信息、定位地图、总平面图、建筑物、外观图、平面图、联网网关、虚拟网关、消防设施系统和消防部件等信息。

（2）统计信息查询

统计信息查询可统计系统中维保服务申请单、维修人员的服务作业以及调度人员的调度任务。

（3）历史记录查询

历史记录查询即查询服务作业的历史记录，操作人员可查询系统下达的维保服务申请单、维修人员的服务作业以及调度员的调度任务等。

（4）作业日志查询

作业日志查询可以查询维保人员的作业时间、地点、维保效果等操作日志。

3.4.3　消防维护管理平台的功能

（1）基本功能及要求

消防维护管理平台的基本功能及要求如下：

① 根据客户维保合同制订周期维保的作业计划；

② 实现消防设施的巡查、检测、值班、保养等作业；

③ 调度管理维护作业任务；

④ 管理和审查维护作业；

⑤ 作业任务可以根据实际需求采用组合检测的方式；

⑥ 采用消防终端现场作业方式；

⑦ 消防基础设施信息全面，应包含各种类型的消防设施和对应的巡查、检测等方法，作业时可直接调用以上信息；

⑧ 联网单位消防设施的信息全面，应包括单位地理位置、平面图、消防系统、消防部件等必要信息；

⑨查询维护作业的历史记录和统计。

（2）周期作业配置

周期作业配置即操作人员可根据维保合同配置各个联网单位的消防设施维护作业周期，自动按周期配置调度作业。周期作业配置的内容包括：

①巡查作业周期配置，包括2小时检、8小时检、日检、周检和自定义检查等模式，实现消防设施的巡查、检查；

②检测作业周期配置，包括月检、季检、半年检、年检和自定义检查等模式，实现消防设施的检测、检查。

操作人员配置好作业周期后，系统能自动定时生成任务将其上传到调度系统或直接将其调度给作业人员。

（3）作业调度系统

作业调度系统将检查作业任务调度给相应的检查人员的终端上，主要有以下两种任务：

①选择要调度的作业，将其调度给相关作业人员，作业人员通过消防手机终端接收作业任务开始作业；

②作业调度系统除按周期自动生成的任务外，还可以添加临时任务。

（4）作业管理系统

作业管理系统是离线的平台作业和管理的系统，可以实现作业人员的离线作业和作业管理审核。

3.4.4 消防监督管理平台的功能

（1）基本功能及要求

消防监督管理平台的基本功能及要求如下。

①消防监督检查的方式应包含对消防重点单位的定期监督检查，对非消防安全重点单位的抽样监督检查，对建筑物开业、举办大型群众性活动场所的提前监督和检查，对举报和投诉有违法消防法律法规行为的单位进行监督和检查，重大节日的监督检查，火灾多发季节的监督检查，专项治理检查等。

②消防监督检查内容应包括消防安全管理检查、建筑物防火检查、消防设施检查、火灾爆炸危险物等检查。

③检查任务的方式为工作人员手机终端检查作业。

④工作人员可以通过网络直接将检查结果发给联网单位。

⑤系统直接下发消防检查通知等信息。

⑥ 系统受理联网单位的消防投诉和预约。

⑦ 一名消防监督员可以管理一个消防片区。消防片区联网单位的信息需全面，包括单位的基本信息及消防设施的维护监控信息，消防监督员直接监督并了解建筑物消防设施的运行状态、完好程度、生命周期和管理状态。

⑧ 系统实现城市消防网格化的建设。

⑨ 系统实现城市建筑消防户籍化的建设。

⑩ 系统实现城市 119 的车辆、人员、物资的管理和调度。

⑪ 系统还实现消防监督检查的历史及片区消防情况的查询统计。

（2）消防办公模块

消防办公模块的功能主要是实现消防主管单位的消防检查、消防通知、消防受理等办公业务，如图 3-11 所示。

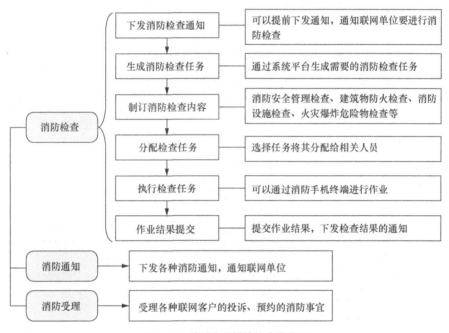

图3-11 消防办公模块的功能说明

（3）我的片区模块

我的片区模块实现消防监督员对联网单位的消防监督管理，掌握并了解联网单位的基本信息、消防维护和消防监控的情况。

片区内联网单位的管理信息见表 3-10。

表3-10 片区内联网单位的管理信息

类别	细分	功能要求
单位信息	单位基本情况	查看联网单位的基本情况
	主要建筑物	查看联网单位的建筑物的基本情况
	重点防火部位	查看联网单位重点防火部位的信息
	从业人员	查看联网单位从业人员的相关信息
报警信息	火警信息	查看联网单位的实时火警、历史火警等信息
	故障信息	查看联网单位的实时故障、历史故障等信息
	报警事件	查看联网单位的实时报警事件的信息
	设备运行信息	查看联网单位设备实时运行的信息
网关信息	传输设备联网	查看联网单位的传输设备及联网状态
消防设施	消防系统	查看联网单位的消防系统
	消防部件	查看联网单位所有消防部件的基本信息及生命周期、完好程度、管理状态等信息
视频监控	站点列表	查看联网单位的所有视频点位的实时视频画面
火灾成灾	成灾列表	查看联网单位成灾记录及详细信息
维护信息	巡查作业历史	查看联网单位的所有设备及系统巡查作业历史
	检测作业历史	查看联网单位的所有设备及系统检测作业历史
	保养作业历史	查看联网单位的所有设备及系统保养作业历史

我的片区模块实现对城市联网建筑物的"城市消防网格化"的建设和城市建筑物的"身份认证和户籍化"的管理。

（4）消防指挥调度模块

消防指挥调度模块应具备的功能及要求见表3-11。

表3-11 消防指挥调度模块应具备的功能及要求

序号	功能	说明
1	消防车辆管理	消防手机终端的GPS能定位车辆所处位置，查询车辆是否在执行消防任务，了解车辆的运行状况，了解车上消防人员的情况，查询车上带有消防物资的信息等

（续表）

序号	功能	说明
2	消防人员管理	系统创建消防队员的个人相关信息、考勤信息、证件信息等，监督和管理消防人员
3	消防物资管理	动态管理消防物资，实时动态了解消防物资在城市的分布情况，实时更新物资信息，比如更换、补充物资等
4	消防调度管理	系统自动根据预先设定的消防等级和单位所处位置，就近派出相应数量和种类的消防车及消防人员。消防人员通过手机实时查看用户监控系统摄像头提供的火灾现场的视频，并且了解用户的户籍信息，准确快速发现火灾原因、了解现场火灾的危险程度，同时将各种画面及信息实时上传至远程调度中心，调度指挥人员可以实现远程精确调度

（5）查询统计模块

查询统计模块实现片区内的消防监督检查，以及联网单位火警、故障、维护等信息的统计分析处理。

3.4.5 联网用户服务平台的功能

（1）基本功能及要求

联网用户服务平台的基本功能和要求如下。

① 实现联网用户的服务申请和投诉，以及服务的预约、处理通知等。

② 查看单位的联网基本信息。

③ 查看单位的报警信息。

④ 查看单位网关的在线信息。

⑤ 查看单位建筑物的消防设施信息。

⑥ 查看单位接入的视频信息。

⑦ 查看单位的历史火灾记录信息。

⑧ 查看单位建筑物的消防设施维护信息。

⑨ 查看单位联网用户的人员信息。

（2）用户服务

用户服务系统实现联网单位的相关服务申请、投诉等处理功能，如图3-12所示。

服务申请 → 联网单位用户可以通过系统平台在线申请服务，提交服务申请后，中心维保智能服务系统的服务受理员将受理该服务申请

在线投诉 → 联网单位用户可以通过系统平台进行在线投诉，投诉对象包括监控中心或消防主管单位

在线预约 → 联网单位用户可以通过系统平台在线预约消防检查等内容

我的通知 → 联网单位用户可以通过系统平台中我的通知模块，接收和处理通知内容

图3-12　用户服务的功能说明

3.4.6　用户信息管理平台的功能

（1）基本功能及要求

用户信息管理平台的基本功能及要求如下：

① 实现监控管理中心及分中心的创建和管理；

② 录入和管理联网单位的信息；

③ 联网单位信息全面，应包括单位基本信息及消防相关信息，以及单位总平面图、建筑物外观图、平面图、消防部件点位、视频等信息；

④ 可以发布中心公告和新闻。

（2）监控中心

监控中心主要实现监控中心的信息管理，添加和维护本级监控中心、子级监控中心以及本级监控中心下的消防片区等信息。

① 查看本级监控中心信息：查看本级监控中心的详细信息，并可以修改和补充相关信息。

② 添加子级监控中心：如果监控中心上升到一定规模，可以创建子级监控中心并进行管理。

③ 添加子级监控中心：如果子级监控中心上升到一定规模，可以再次创建子

级监控中心并进行管理。

（3）联网单位

系统显示本中心下的联网建筑物的单位，工作人员可以添加联网单位，并编辑和管理单位信息。

新添加联网单位的基本信息如下。

① 单位定位地图：打开地图标记单位地理位置坐标。

② 单位总平面图：添加单位总平面图。

③ 添加单位入网的主要建筑物：添加建筑物的外观图。

④ 建筑物平面图：添加建筑物的平面图，实现消防实施部件的平面布局。

⑤ 查看平面部件：部件列表显示平面图对应的部件信息。

⑥ 添加单位消防设施：添加消防设施部件的信息。

⑦ 安全出口：录入建筑物的安全出口信息，系统应设置网关，为每个联网单位的建筑物配置和录入网关信息。网关是联网建筑物各类报警控制系统和消防设施器材入网的基础。

⑧ 重点防火部位：统一管理联网单位建筑物内所有的重点防火部位，录入建筑物的重点防火部位。

⑨ 消防设施系统：统一管理联网单位具体的消防设施系统，录入联网单位消防设施系统。

⑩ 消防设备信息：统一管理、查询联网单位具体的消防信息。

3.4.7　中心配置管理平台的功能

（1）基本功能及要求

中心配置管理平台的基本功能及要求如下：

① 管理消防物联网中心机构人员和账户；

② 消防手机终端用户注册；

③ 管理用户档案，制订中心制度、维保合同等；

④ 管理配置中心值班查岗、传输设备查岗；

⑤ 维护中心的基础数据；

⑥ 维护和完善系统。

（2）中心配置管理平台的功能模块

中心配置管理平台的功能模块见表3-12。

表3-12 中心配置管理平台的功能模块

序号	功能	说明
1	用户管理信息	① 机构人员实现对监控中心、消防主管单位、联网单位等机构人员的登录和管理，以及消防手机终端的注册等。 ② 用户档案管理包括用户档案、用户制度、维保合同等的管理和维护
2	设备协议维护	维护和升级连接各种报警控制器的传输设备的协议
3	中心管理	① 中心值班查岗：安排中心值班的查岗时间，以及查询统计值班查岗记录。 ② 传输设备查岗：配置各联网单位传输设备的巡检查岗时间，以及查询和统计传输设备的查岗记录
4	基础数据	① 设备信息：维护中心基础的消防设备数据信息。 ② 企业信息：维护中心设备生产企业、维保企业、消防主管单位等企业的基础信息
5	系统维护	管理员对中心用户角色的配置和授权，以及消防联网系统的应用维护等

3.4.8 消防手机终端

（1）基本功能及要求

消防手机终端的基本功能如下。

① 消防手机终端根据登录账户角色的不同开放不同的功能和应用。

② 接收并执行中心调度下发的巡查、检查、保养等维护管理作业任务。

③ 接收并执行中心调度下发的维修、质检等维保服务任务。

④ 接收并执行主管部门要求的监督抽查、消防安全检查等监督检查任务。

⑤ 查询用户权限范围内的联网单位的相关详细信息，包括单位基本信息、定位地图、总平面图信息，单位从业人员信息，建筑物基本信息、建筑物的联网网关信息以及建筑物所有楼层平面图、点位信息，联网单位重点防火部位信息，联网单位火灾成灾记录信息。

⑥ 联网单位用户能通过终端软件填写服务申请并将其发送给所属中心；填写投诉意见，根据投诉类型将其发送给所属中心或所属管辖单位；填写检查预约信息给主管部门，同时主管部门用户在终端软件发送检查通知，进行预约及受理投诉。

⑦ 根据不同用户的权限获取相应的联网单位实时监控的火警、故障、设备运行状态的信息。

⑧ 接收中心或 119 部门发布的火警播报信息,第一时间获取真实的火警信息,同时有相应的预案在软件中供参考。

⑨ 不同用户可以通过终端软件进行查询统计,包括:统计火警、故障每月和每年的发生量等;统计联网单位消防设施的维修、维保等服务量和维保工程师的执行情况等。

⑩ 获取最新、最全面的消防行业信息,包括消防公告、消防新闻、消防行业信息、消防设施产品信息等,并可以了解行业内不同类型产品的市场信息。

（2）消防手机终端的功能模块

消防手机终端的功能模块见表 3-13。

表3-13 消防手机终端的功能模块

序号	功能	说明
1	个性化功能	终端根据用户角色权限开放不同的功能和应用,整个终端软件功能涵盖所有角色
2	我的任务	维护管理、智能服务、监督管理的任务接收及任务执行组成我的任务功能模块,可供巡查员、检测员、维保工程师、消防监督员等作业相关的人员使用
3	远程监控	是消防联网系统的远程监控平台在智能手机终端上的体现,供用户实时了解联网单位火警、故障及消防设施的运行情况,信息包括该报警点位的详细信息、报警单位信息、报警单位定位地图、总平面图、报警点位平面图等,同监控中心平台同步,准确定位报警点
4	警情播报	是为单位领导、消防主管单位领导在真实火警发生时第一时间获取相关信息而设计的。警情播报信息在软件后台运行或正在使用时会第一时间显示在智能手机上,同时提供火警处理的预案文件,方便领导及时作出响应与决策
5	我的片区	用户通过我的片区随时随地了解联网单位的信息及联网单位建筑物的信息和建筑物内消防设施的信息
6	我的办公	联网单位用户、消防主管部门能在我的办公模块中进行服务申请、查看通知、在线投诉、在线预约和在线通知、在线受理操作
7	查询统计	消防终端可在此模块根据不同的角色设置相应的统计条件,统计用户需要的数据
8	公共信息	包含消防行业信息,即消防新闻、消防企业信息、消防产品信息、消防公告、相关主管部门发布的消防公告等栏目。消防联网系统智能终端软件展现合理分类后的所有公共信息,所有消防联网系统用户均可以通过智能手机终端查看所有的公共信息,公共信息由运营中心全面发布,是行业内最前端、最全面的信息

3.4.9　综合统计和查询功能

3.4.9.1　基本功能及要求

综合统计和查询的基本功能及要求如下。

① 查询联网用户的火灾报警信息。

② 查询联网用户的建筑消防设施的运行状态。主要设施包括火灾探测报警系统、消防联动控制器、消火栓系统、自动喷水灭火系统、水喷雾（细水雾）灭火系统、自动喷水灭火系统（泵供水方式）、气体灭火系统、细水雾灭火系统（压力容器供水方式）、泡沫灭火系统、干粉灭火系统、防烟排烟系统、防火门及卷帘系统、消防电梯、消防应急广播、消防应急照明和疏散指示系统、消防电源。

③ 查询联网用户的消防安全管理信息，主要包括基本情况、主要建筑物等信息、单位（场所）内消防安全重点部位信息、室内外设施信息、消防设施信息、消防设施定期检查及维护保养信息、日常防火巡查记录、火灾信息。

④ 查询联网用户值班人员的日常值班、在岗等信息。

⑤ 按日期、单位名称、单位类型、建筑物类型、建筑消防设施类型、信息类型等检索项检索和统计以上信息。

3.4.9.2　便捷查询功能

系统应提供 Web 查询、浏览功能，为经过授权的消防监督管理人员、用户单位管理人员提供所需要的数据。系统还应提供丰富的查询功能，包括入网单位的基本信息和故障信息。

① 入网单位基本信息：入网单位基本信息和建筑物基本信息。

② 火警信息查询：火警信息查询、真实火警信息查询、误报火警信息查询、建筑物火警发生次数的查询。

③ 故障信息查询：消防设施故障报警次数查询、消防设施故障误报次数查询。

3.4.9.3　统计分析

系统应提供联网单位设备运行状况的统计数据，为联网单位提供建筑消防设施的运行情况，为建筑消防设施检查、维修提供第一手资料，以提高消防报警系统的利用率，保证系统可靠、正常运转。

① 按年、月、周、日分类统计各类火警事件，并分析生成报表；按报警／接

警时间、报警单位名称、用户编码、监控设备种类、接警人员等条件查询各类火警事件，并生成各种统计报表，然后打印；按火灾自动报警设备生产厂商、型号等条件查询各类火警事件，生成各种统计报表。

② 按月、周生成联网用户值班情况统计报表，并上报消防管理部门。

③ 按月、周生成火灾报警控制器误报情况统计报表，并上报消防管理部门。

④ 按月、周生成联网单位误报情况统计报表，并上报消防管理部门。

⑤ 根据各种条件查询所有历史记录。

⑥ 生成定期的巡查、巡检表以及消防设施设备情况表。

3.4.9.4 统计报表实现

（1）报表类别

① 固定报表：根据管理的要求，提供逻辑和格式非常明确的报表。

② 用户自定义报表：为了适应管理的要求，报表管理中引入了商业智能（Business Intelligence，BI）的概念，采用灵活的报表技术，可以按管理需要产生各种类型的报表。自定义报表通过专业报表工具设计和生成。

（2）报表服务模块

① 报表引擎模块：报表引擎主要生成报表数据，根据条件、数据源、存储过程等信息生成报表数据。

② 报表数据源管理模块：定义报表的数据源、表、存储过程等。

③ 报表设计器模块：提供图形化的报表设计器，主要是报表样式和界面排版。

④ 图形生成模块：根据数据生成图表。

⑤ 报表发布模块：生成报表、导出报表、订阅和发布报表等。

⑥ 报表模板模块：将报表数据源、设计布局、发布方式等定义成模板，以便制作和生成报表。

3.4.10 消防设施自动巡检

建筑消防设施的正常运行是预警的关键，所以，系统提供定期巡检的功能，帮助联网单位及时了解设备的运行情况，并为联网单位提供针对建筑消防设施运行情况的月报、季报和年报。

（1）定期巡检功能

系统具有设定定期巡检消防设施的功能，局部设备的检测工作不影响其他设备的正常运行。系统首先设定巡检探测器的位置属性，当巡检人员巡检该探

测器时，报警信号直接被送到检测系统而不是监控系统。对于能获得输出信号的消防联动设备，系统也提供定期检测功能，防止系统使用频率过低造成设备出现故障。

（2）消防设施故障监控

系统不仅能监控自动报警系统的运行状况，而且还能监控具有输出信号的联动控制系统的运行状况。根据消防设施联网情况可监控的信息见表3-14。

表3-14　消防设施联网情况可监控的信息

序号	消防设施	消防设施故障监控
1	火灾探测报警系统	火灾报警信息、屏蔽信息、监管报警、故障信息、可燃气体探测报警系统报警信息、电气火灾监控系统报警信息
2	消防联动控制器、模块、消防电气控制装置、电动装置	联动控制信息、屏蔽信息、故障信息、受控现场设备的联动控制信息和反馈信息
3	自动喷水灭火系统	喷淋泵电源的工作、启停、故障状态，水流指示器、信号阀、报警阀、压力开关的正常状态、动作状态，管网压力报警信息
4	消火栓系统	消防水泵电源的工作状态，消防水泵的启、停状态和故障状态，管网压力报警信息
5	消防供水设施	监控消防供水的液位信息
6	气体灭火系统	系统的手动、自动工作状态及故障状态，阀驱动装置的正常状态和动作状态，启动和停止信息、时延状态信号、压力反馈信号
7	泡沫灭火系统	消防水泵、泡沫液泵电源的工作状态，系统手动、自动工作状态及故障状态，消防水泵、泡沫液泵、管网电磁阀的正常工作状态和动作状态
8	干粉灭火系统	系统的手动、自动工作状态及故障状态，阀驱动装置的正常状态和动作状态，时延状态信号、压力反馈信号
9	防排烟系统	防排烟风机、电动防火阀、电动排烟阀的电源工作状态、故障状态、动作状态
10	电梯	电梯停于首层的反馈信号
11	传输设备	传输设备的工作状态和故障状态

（3）故障处理过程跟踪

为了提供联网单位消防设施的完好率信息，对系统监控到的故障信息，监控中心值班人员将故障信息及时通知给联网单位的消防负责人以及建筑消防设施维保单位。监控值班人员及时跟踪设备的维修情况，将维修结果及时反馈至单位消防负责人。

3.5 消防视频监控和管理系统

3.5.1 基本功能的要求

消防远程视频监控实现了火灾自动报警系统、消防联网系统——远程监控平台、远程视频传输系统的有机结合，实现了火灾探测点和监控点的联动。

当发生火警时，119 指挥中心可远程调用联网单位的消防值班中心摄像头即时观看现场情况；消防应急救援局和监控管理中心可对联网单位进行视频巡查即视频点播，随时查看消防重点单位的情况，提高消防管理工作的效率；当某一个报警点报警时，当前报警点的视频图像信息会自动切换到视频工作站，为火情的真伪辨识及真实火警的处理提供了有力的保障。

监控管理中心可以控制现场的矩阵、云台、镜头，观看着火点周围情况。系统应具备以下优点：

① 判断火警的真伪，成功降低误出警率；

② 延长现场指挥线，消防领导在中心遥控指挥，如亲临现场；

③ 提高灭火能力，做到有备而战；

④ 便于日常防火检查工作，做到间隙监控；

⑤ 便于检查消防值班室的值班情况，对现场值班情况了如指掌。

系统应以建立科学的防控机制、指挥机制和运行管理体制为核心，以先进的技术为手段，以提高消防管理者的防控能力、快速反应能力和协同作战能力为目的，以群众满意为标准，构建"听得见，看得着，查得到，控制得住"的防火体系。

3.5.2 视频监控管理系统的要求

企业应以 IP 数字中心矩阵及视频服务器为基础，配置配套的视频监控管理系统，并通过二次开发，实现表 3-15 所示的视频管理功能。

表3-15　视频管理功能

序号	功能	说明
1	显示、录像与回放功能	① 采用纯硬件解压缩结构，一台矩阵完成多路网络视频和音频的实时显示； ② 支持手动和自动录像模式； ③ 支持本机与远程硬盘录像机主机录像文件的回放； ④ 支持远程回放，可按通道、现场监控主机名等多种形式检索联网单位现场的视频资源
2	数字矩阵切换功能	① 能以摄像机名称列表和电子地图中摄像机图标的方式灵活地实现模拟矩阵系统所特有的功能； ② 在单个监视器任意调看任意摄像机的图像； ③ 将网络中前端数字主机连接的任意摄像机编成序列，可以很方便地在任意一个指定的监视器上顺序切换单个序列； ④ 多画面序列调看，实现多路图像同时在多个监视器上一次性调看； ⑤ 多画面群组切换，实现多个序列在多个监视器上自动群组地切换显示； ⑥ 全方位摄像机支持串口接入快捷控制和键盘控制，从而实现全功能的控制
3	报警接收与多媒体管理功能	（1）报警多媒体管理功能 ① 支持显示中文详细的报警信息与报警电子地图； ② 多媒体音响声音提示； ③ 可按时间、报警主机、报警防区分类或交叉查询报警生成历史记录。 （2）报警联动功能 ① 收到报警后会有语音提示； ② 收到报警后在指定监视器上自动弹出前端报警现场的图像； ③ 报警自动调用外部连接快球摄像机的预置位； ④ 收到报警后将报警信息向指定IP的远程硬盘录像机转发
4	多媒体可视窗口与智能综合控制功能	① 综合的多媒体控制管理功能，操作简便、灵活； ② 系统支持多层电子地图控制管理的功能，可设置若干级主图和子图，支持各级地图中的关联点跳转操作； ③ 在软件界面上打开单个窗口调看图像，并可方便控制全方位摄像机的各种动作； ④ 在矩阵连接的显示器上以多画面分割窗口全屏显示所有矩阵监视器输出的图像

3.6　消防安全管理信息系统

消防安全管理信息系统主要对单位基本情况、建筑信息、堆场信息、储罐信息、装置信息、重点部位信息、消防安全管理制度、消防管理机构发布的法律文书、消防设施定期的检查信息、火灾隐患及整改情况、火灾信息、防火巡查记录、消防奖罚情况等进行管理。

（1）消防安全管理信息

消防安全管理信息的内容见表3-3。

（2）消防安全管理信息系统的功能模块

消防安全管理信息系统的功能模块见表3-16。

表3-16 消防安全管理信息系统的功能模块

序号	功能模块	说明
1	重点单位基础数据采集	录入联网单位的自然情况，包括单位的基本情况、建筑信息、堆场信息、储罐信息、装置信息、重点部位信息
2	消防安全管理信息填报查询	录入、查询联网单位特别填报的危险品等数据
3	基础数据录入/维护/检索	查询、修改联网单位自身数据
4	消防安全管理信息审核管理	消防应急救援局、监控管理中心审核上报信息，通过后由消防应急救援局定期检查，未通过的信息则发回联网单位重新填写
5	录入/编辑/维护/检索/打印电子档案	联网单位批量录入本单位的电子档案，经审核保存在平台上
6	消防法律法规管理/检索	消防应急救援局在平台上发布法律法规，联网单位消防负责人学习并记录
7	消防文书管理	消防应急救援局在平台上发布通知等文件，要求联网单位学习文件内容

3.7 消防地理信息系统

3.7.1 消防地理信息系统的定义

消防属性的地理信息系统应当包括地理信息、消火栓信息、天然水源、人工水源、消防码头的信息，地下输水管道和可燃气体管道的信息，消防重点地区、重点单位和重点部位的信息等内容。消防地理信息系统还应当包含消防单位的实力、化学危险品信息、抢险救援预案等数据库，并要与当地的电话号码信息库连接，方便工作人员接警时，屏幕能随时准确地反映报警电话的位置、单位或名称。

3.7.2　消防地理信息系统的组成

消防地理信息系统分为消防地理信息数据库（包括基础地理信息数据库、消防公共地理信息数据库、消防业务专用地理信息数据库）、标准地址数据库、业务关联数据库等。

3.7.2.1　消防地理信息数据库

消防地理信息数据库包括基础地理信息数据库、消防公共地理信息数据库、消防业务专用地理信息数据库，数据主要以矢量库、栅格图片库等形式存储。

（1）基础地理信息数据库

基础地理信息数据是从国家相关部门获取的一些最基础的、为社会各行业和业务部门所共用的、常规的公共地理信息（包含建筑物、道路、水系和植被等）。基础地理数据应分为数字线划地图（Digital Line Graphic，DLG）、数字栅格地图（Digital Raster Graphic，DRG）、数字高程模型（Digital Elevation Model，DEM）和遥感影像等。

基础地理信息数据库平台的主要功能是数据管理、数据交换、平台管理、数据在线采集，功能要求如下：

①数据现实性要求高；

②城市正射投影图地理信息数据的比例为1∶2000；

③道路线与道路面需重合，并保持道路线的完整；

④空间数据属性完整，属性内容保持一致；

⑤线不存在自相交、异点、悬挂、过线现象；

⑥影像图幅接边无缝隙、各图幅无色差，与矢量数据精确套合；

⑦数据误差范围：1∶500、1∶2000比例尺地形图的平面位置中误差不得大于地形图的±0.5mm。

（2）消防公共地理信息数据库

消防公共地理信息是指与消防业务密切相关且为下属各单位所共同需要的公用性信息。消防公共地理信息数据库既可以是包含某一类公共的社会地理目标信息的图层（如体育场馆、公共图书馆等），也可以是包含某一类公共的消防地理目标信息的图层（如消防重点单位等），主要功能如下：

①通过消防公共地理信息平台提供的基础搜索、定位功能，在地图上定位一个建筑物，并显示详细位置信息（包括消火栓、消防中队及辖区、天然水源、街

道及街区、重点单位）；

② 对建筑工程、城市公共消防设施实行数字化管理，如可以查询位于道路上的所有高层建筑并以专题地图的形式显示；

③ 判定区域火灾的危险性，通过对每一单独建筑的火灾危险性进行量化，并就整个区域内的建筑火灾危险性进行分析、评估，从而确定火灾高危区域，并有针对性地开展灭火演练，增设消防设施，消除火灾隐患。

（3）消防业务专用地理信息数据库

消防业务专用地理信息是指业务性特强、仅与某一种消防业务密切相关的、具有特殊业务用途的信息。消防业务专用地理信息数据库提供地址比对和地址匹配功能，可以将各业务部门的管理信息系统的数据关联到电子地图上，生成业务地理信息系统图层。

3.7.2.2　标准地址数据库

在收集、分析城市地址信息的基础上，我们要按照国家有关地址管理的规范要求，设计相应的地址要素，定义其编码规则，在此基础上利用消防地理信息平台软件提供的工具自动分析已有的地址数据，自动按照地址要素模型提取相应的地址作为数据字典，并对地址进行编码、上图，形成市级标准地址数据库。省级标准地址库是市级标准地址库的汇总，全国标准地址库是各省标准地址库的汇总。标准地名及地址数据库中存储了各类地名，在各种地理信息应用中，经常需要在已知地址（如火灾事故地点等）的情况下，在电子地图中找出该地址的相应位置，定位显示数据记录。

3.7.2.3　业务关联数据库

我们从业务数据库中提取业务标识码、地址信息、基本信息，并通过地址比对等方式建立地理关联，形成业务关联数据库，通过业务关联数据库可在地图上查询和定位业务信息，可以在业务系统中实现业务信息的地图定位。

3.7.3　消防地理信息系统的建设要求

3.7.3.1　消防地理信息系统要突出反映消防重点的信息

消防重点主要指消防重点地区、重点单位、重点部位。消防重点既是火灾预防的重点，又是灭火救援的重点。消防地理信息系统不能面面俱到，一般单位只要反映周围的基本情况即可，而消防重点单位则要比较详细地反映该单位的方略图、

平面图、立面图、三维图、作战图和其他信息。因此，消防部门要将消防地理信息系统，特别要将整理重点单位的电子地图作为一项重要的基础工作，把消防地理信息系统的建立与应用有机结合，需要投入一定的人力、物力，以不断地采集消防重点平面图、三维图、道路、水源、危险源及处置预案等相关信息，建立交通管制、人员疏散、医疗救护、水电配合、环保检测的消防联动应急机制，提高智能化的决策水平。消防重点单位制订灭火作战预案时，要借助建筑设计的电子文档、设计图纸或后期人工绘制的图纸，把车间、仓库、房间、通道尽可能地录入消防地理信息系统中，尽量做到能细则细。郊区乡（镇）、村由于比例的关系，很难全部反映在消防地理信息系统中，可以按照消防重点的信息采集方法将重点信息录入消防地理信息系统。消防重点地区、重点单位、重点部位和乡（镇）、村的地理信息系统应当在电子地图的第二层和第三层上显示，如果这些地方发生了火灾，电子地图和数据库除了显示基本情况外，还能自动地显示这些地区或单位的方略图、平面图、三维图和厂房、民房甚至起火房间、疏散通道以及抢险救援的详细信息，从而为灭火作战提供有力的信息支持，做到系统、科学地处置灾情。

3.7.3.2　消防地理信息系统的电子地图应与高空瞭望系统同步应用

目前，许多城市为了便于观察火情而增设了高空瞭望系统，但是报警后电子地图的显示和高空瞭望系统并没有实现同步。报警后，电子地图上虽然能显示起火单位周围的概况，而高空瞭望因为瞭望点少而城市地域大，一般不能马上定位起火地址，仅靠人工搜索定位难、速度慢，影响指挥决策。如对高空瞭望系统编制一套自动搜索定位软件，在确认起火地址后，高空瞭望摄像机可自动搜索起火地点，并加以定位，这样就能使基地指挥更加直观，更加有针对性，火场所需装备、灭火剂及其他物资也能及时调集到场，从而为指挥决策赢得时间，争取灭火指挥的主动权，同时还能完整地记录灭火的全过程。

3.7.3.3　要加强消防地理信息系统的维护管理

建设准确反映客观真实情况的消防地理信息系统，不单是建设的问题，更重要的是维护管理和数据信息的采集、更新和完善的问题。随着城市规模的扩大，消防地理信息系统要尽可能符合当地的实际情况，满足初期灭火的需要。维护管理的要求为：

① 消防部门应当将消防审核、验收和制订消防重点地区、重点单位、重点部位的灭火作战预案与建立消防地理信息系统相结合；

② 将前台输入与后台维护管理相结合；

③ 专业部门、专业人员分工负责的工作机制和业务部门、业务人员具体负责机制相结合；

④ 将消防地理系统的建设与灭火作用的发挥相结合，真正将消防地理信息系统用好用活，发挥其应有的作用。

3.8 智慧消火栓监控系统

3.8.1 建设智慧消火栓监控系统的必要性

消火栓是保障城市安全的重要基础设施，主要作用是通过消防或市政给水管网为消防车补水以实施灭火，也可直接连接水带、水枪灭火。在现实生活中，消火栓被损坏的情况非常普遍，一旦发生火灾，这些消火栓将无法发挥应有的作用，会对人民群众的生命和财产安全构成严重威胁。

智慧消火栓监控系统是有效监控消火栓的重要手段，可杜绝发生火灾时"无栓可找、有栓难用"的问题，对提升消火栓日常管理和维护水平具有重要意义，也为人民群众提供了更加安全、可靠的消防保障。

随着城市规模的不断扩大，消火栓的安装范围也在不断扩展，对于消防单位而言，对消火栓进行全面的、实时的监控管理成为一种迫切的要求。从社会经济效益来分析也是非常有益的，具体如图 3-13 所示。

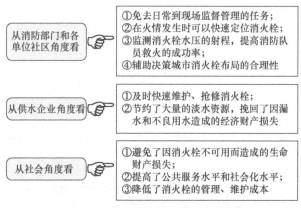

图3-13 智慧消火栓监控系统的社会经济效益

3.8.2　智慧消火栓监控系统的组成

智慧消火栓监控系统采用服务器—终端模式设计，由信息管理模块、通信处理模块、信息采集模块和控制模块4部分组成。信息管理模块属于服务器，通信处理模块、信息采集模块、控制模块属于终端。

信息管理模块位于整个系统的最上层，主要负责处理整个系统中收集的各个模块的数据；通信处理模块负责处理采集的数据，将数据压缩打包后，利用无线通信网络等途径完成数据在终端与服务器之间的传递；信息采集模块负责采集消火栓的实时信息，由各种状态传感器与采集电路组成。

3.8.3　智慧消火栓监控系统的架构

智慧消火栓监控系统采用物联网、无线通信、GPS、数据库等技术，监测消火栓的状态、地理位置、用水情况、水压信息、安全信息等，运用系统软件处理、分类、统计和分析消火栓的信息，从而达到全面管理和战时合理规划消火栓的目的，使每个消火栓充分发挥救火的能力。

智慧消火栓监控系统通过在消火栓上安装各种监测器，对目标进行监控和数据收集，并通过无线通信系统实时传输数据，将数据提供给监控系统中心存储、分析、查询和检索，供用户有效管理。

智慧消火栓监控系统架构由消火栓监测器、消火栓监控管理系统软件两部分构成。消火栓监测器被安装在市政消火栓上，消火栓监控管理系统软件应用于监控机房，记录、分析和统计各种监测数据并形成各类报表、电子地图等。

消火栓监测器的安装位置示意如图3-14所示。

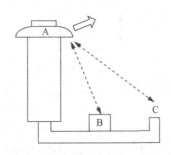

图3-14　消火栓监测器的安装位置示意

其中：A是智能盖帽，包括消火栓监控器平台、用水监测模块、定位模块、撞倒报警模块；

B是管网水压监测器；

C是消火栓阀门监测器。

A、B和A、C之间通过短距离无线通信实现数据交换，由A收集数据并处理后，通过低功率广域网络（Low-Power Wide-Area Network，LPWAN）或4G/5G网络发送到监控中心。当用水量、外界撞倒、水压超限等触发报警时，报警信息可以通过短信将信息发送到监控中心，由监控中心将报警信息显示或者发送到指定人员的手机上，消火栓监测器实物如图3-15所示。

图3-15 消火栓监测器实物

智能消火栓App主要包括输入消火栓的基本信息和记录消火栓巡检等功能，基本信息如消火栓编号、品牌、型号、安装日期、安装地点等，消火栓巡检记录包括现场巡检记录、消火栓损坏情况、现场违章处理等。数据信息通过手机和系统账号实现数据的更新和下载。

智能消火栓App具有导航和放样功能，客户可以输入目标消火栓的经纬度，由App地图指引到目标地点。

3.8.4 智慧消火栓监控系统应实现的功能

（1）全天候无人值守监控

智慧消火栓监控系统通过无线通信网络对消火栓闷盖开启状态、消火栓出水状态和消防给水管网压力实施远程监控。

（2）快速定位消火栓

发生火灾时，调度指挥人员根据消火栓分布和可用状态通过系统进行合理调度，并科学制订补水预案，如图 3-16 所示。

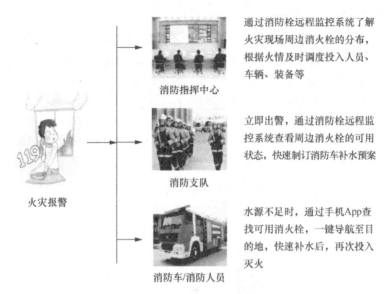

图3-16　火灾报警时快速定位消火栓

（3）及时发现异常事件

消火栓闷盖被打开、消火栓出水、消防管网水压不足时，监控中心软件／手机 App 立即提示消火栓编号、安装位置、报警类型等信息。

（4）信息共享

智慧消火栓监控系统与自来水公司实现信息和数据共享，方便维护人员及时查证、确认和维修消火栓。

3.8.5　智慧消火栓系统的扩展应用

智慧消火栓监控系统应以多层级管理、分布式部署、数据集中存储为主要特点，强调以监控为核心，建设防控结合、以防为主的自上而下的一体化城市消火栓监控管理体系。

系统应实时接收、显示、处理联网单位的报警信息和消防设施的运行状态信息，通过远程终端查询用户单位、服务商、消防主管单位及时掌握和处理现场警情。智慧消火栓监控系统可以扩展的应用如图 3-17 所示。

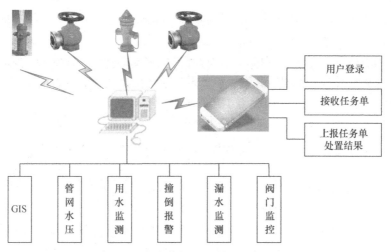

图3-17 智慧消火栓监控系统可以扩展的应用

（1）水压监测

一般城市的市政消防管网的水压在 0.25～0.35MPa，离泵站近的水压值较高，末端水压值较低，即每个消火栓的出水口压力也不尽相同，我们通过对消火栓附近管网安装测压点进行水压监测，可以了解整体消防管网的水压情况。水压监测示意如图 3-18 所示。

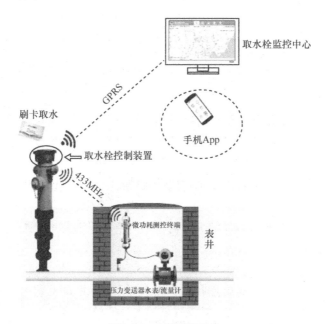

图3-18 水压监测示意

管网水压监测器可以根据用户需求，设定最低水压报警值和最高水压报警值，使用户实时掌握管网的水压情况。

管网水压监测器平时待机，采取每隔1小时采集一次水压值的方式，如果水压值在设定范围内，监测器通过短距离无线通信将数值发送至智能盖帽，由智能盖帽存储数值，在每天24时将数据定时发送到后台服务器；当采集的水压值超过设定范围时，水压监测器将水压值实时发送至智能盖帽，并由智能盖帽实时将报警值发送到后台服务器中，后台服务器再及时用短信、地图闪烁等手段提示相关人员。

水压监测组件有两种安装方式：一种使用法兰式水压监测器，法兰厚度在30mm左右，安装时，只需要把原有消火栓移动30mm即可安装成功；另一种是打孔式水压监测器，通过在原有管道上打孔，将传感器探头伸入管道内，即可安装成功。

相对于智能盖帽，水压监测组件整体安装贴近管网部位，位于地下，所以对体积要求不严格，可以选用大容量电池，理论上使用时间为5年，因其防水等级较高，建议由专业人员更换。

智能消火栓盖帽和外形设计基本类似原消火栓盖帽，所以只需要更换原消火栓盖帽，即可完成安装工作。

（2）用水监测

消火栓被打开时，用水监测模块即开始运行，记录消火栓打开的时间和关闭时间，并将信息通过消火栓监控器平台发送至监控机房记录，并将用水信息以手机短信方式发送到执法人员的手机（手持机）上，以便巡查小组及时制止和处理。

（3）撞倒监控

当消火栓被撞击甚至撞倒时，撞倒报警模块开始工作，将报警信息、地理信息、时间信息等通过消火栓监控器平台发送至监测机房，方便抢修人员在第一时间发现情况，并及时赶到现场处理。

消火栓撞倒监控主要通过角度传感器实现撞倒监测，设定指标为倾斜角度大于30°报警。

撞倒报警功能集成在智能消火栓盖帽中，所以只需要更换消火栓盖帽即可完成安装工作。

（4）漏水监测

当消火栓附件管网出现破损并发生漏水时，漏水监测器将信息通过消火栓监控器平台发送至监控机房记录，并提醒相关人员维护。

（5）消火栓阀门监控

消火栓阀门被关闭，关闭信息将通过消火栓监控器平台被发送至监控机房，并提示阀门被关闭。

3.8.6 智慧消火栓监控管理系统软件

（1）智慧消火栓监控信息接收系统

该系统实时接收从消火栓监测器发回的各类监测信息并校验后提供给系统软件。

（2）智慧消火栓基本情况查询系统

该系统提供区域内的消火栓情况查询，设备故障状态查询等。

（3）GIS

GIS 可以显示如下信息：

① 消火栓的分布情况；

② 报警联动闪亮，包括撞倒报警、漏水报警、用水报警、消火栓阀门关闭报警等；

③ 消火栓信息显示及操作，包括消火栓基本情况及水压信息等。

3.9 电气火灾监控系统的建设

3.9.1 电气火灾和电气火灾监控系统

（1）电气火灾的概念

电气火灾是一种由电气故障而引发的火灾。可能引起电气火灾的主要原因是短路故障和漏电故障。

一个符合规范的工程电力系统本身对短路、过载和金属性接地故障已有完善的保护措施，均可及时地切断故障线路，并且在新建的工程中，由于配电开关的性能保证和电力线路敷设环境防火要求的规范，因短路引发的火灾实例很少。

电气火灾是一种主要由电气线路或电气设备的接地引发的故障，特别是电弧

性非完全接地故障所引起的火灾，是电路中的带电导体对地漏电产生的电弧，达到一定的温度后，引燃可燃物所造成的。

（2）电气火灾监控系统

电气火灾监控系统是当被保护线路中的被探测参数超过报警设定值时能发出报警信号、控制信号并能指示报警部位的系统。

电气火灾监控系统充分利用无线物联网技术、云计算、移动互联网等新一代技术，由电气火灾监控探测器、电气火灾监控器、电气火灾监控平台和手机 App 组成，通过实时监控电气线路的剩余电流和线缆温度等引起电气火灾的主要因素，准确捕捉电气火灾隐患，实现对异常信息的预警处理、综合分析及记录查询等，确保电气火灾防患于未"燃"。

（3）电气火灾监控系统的原理

当电气设备的温度、湿度、电流等数据指标出现异常时，电气火灾监控系统的探测设备会通过电磁感应原理和温度变化效应收集不同指标的变化信息，并且将其输送至监控探测设备中，这些信息经过过滤、放大、A/D 转换、分析、判断、对比等流程后，一旦关键数据指标超出预设定值时，监控探测设备会立即发出报警信号，并且同时将这些变化信息传递至电气火灾监控系统的监控设备中，然后经由监控设备进行二次识别、判断，当确认可能会出现火灾时，监控主机将会发送火灾预警信号，这时报警指示灯点亮并发出报警信号，监控系统液晶显示设备中出现火灾报警等相关详细信息。值班工作人员则根据上述所显示的信息，第一时间联系电力工程师或设备维修人员前往设备故障异常现场进行处理，同时将火灾报警信息传输至集中控制中心。另外，电气火灾监控系统还拥有通信组网的功能，能将所检测到的相关火灾信息传递至中央控制层，使得更高一级的监控中心可以获得火灾报警信息。

3.9.2 电气火灾监控系统的功能和特点

电气火灾监控系统的功能和特点如图 3-19 所示。

3.9.3 电气火灾监控系统的应用价值

电气火灾监控系统在漏电监控方面属于先期预报警系统。与传统火灾自动报警系统不同的是，电气火灾监控系统的早期报警是为了避免损失，而传统火灾自动报警系统是为了减少损失。所以，不论是新建或是改建工程的项目，尤其是已

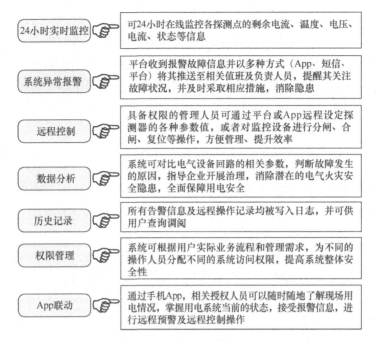

图3-19　电气火灾监控系统的功能和特点

经安装了火灾自动报警系统的单位仍需要安装电气火灾监控系统。电气火灾监控系统的应用价值如图 3-20 所示。

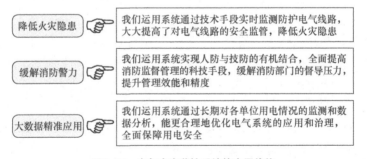

图3-20　电气火灾监控系统的应用价值

3.9.4　电气火灾监控系统的选型

监控探测器的结构形式主要有三种类型，即多功能漏电开关型监控探测器、分离配置整合型监控探测器、分离配置型监控探测器。

（1）多功能漏电开关型监控探测器（结构复杂、成本高、故障率偏高）

该类产品的特点是监控探测器除了自身应有的剩余电流探测（或温度探测）、报警功能外，又扩展了多项功能，例如，过电流、过电压、延时送电、防雷、欠压、组网、远程集中监控以及其他功能等。该类监测器的外部结构为盒装，内部结构则是将含有电源变换电路、信号处理电路、报警电路、显示电路、通信、联动接口等的监控探测器与电流互感器、剩余电流互感器、主回路分断开关（100A 以下多用磁保持继电器、100A 以上用接触器或空开——塑壳断路器）统统地集聚于一体，组成一种多功能式的漏电开关产品。

该类产品的优点是保护功能多，内置电流互感器、接线少，整体度高。而由此产生的缺点是：结构复杂、成本高、故障率偏高，特别是信号的监控、探测、分析、处理、报警、通信、联动接口等电路与 ABC 三相主电（或单相）回路的间隔距离太近，易遭受强电磁场的干扰，降低产品性能。多功能漏电开关型监控探测器内部包含的电源控制开关（断路器）是低压配电系统中的关键配电产品，必须通过电气产品的 3C 认证，在安装和使用上也不方便，如新建工程则需要和配电箱（柜）厂商沟通协商合理组装，所以不适用改造工程中已经成形并使用中的配电箱（柜）。

（2）分离配置整合型监控探测器（消防中心一体化监控，相对复杂的火灾报警系统，故障率偏高）

分离配置整合型监控探测器是电气火灾监控设备与电气火灾监控探测器（包括终端探测头）分离配置型的一种特殊类型。它与分离配置型监控探测器不同的是：其总线直接使用普通火灾报警系统的二总线，省去集中控制器和上位机，由火灾报警控制器整合电气火灾监控探测器（包括终端探测头）的探测报警功能后一并控制，不需要电气火灾监控系统集中控制器和上位机以及组网布线，成本降低了，而且消防中心一体化监控界面统一，管理方便。但是原先的火灾报警控制系统还需要重新通过 GB14287—2005 电气火灾监控系统的双重检测认证，这种组合相对复杂的火灾报警系统故障率偏高，直接影响电气火灾监控系统，使得系统的稳定可靠性降低，甚至造成瘫痪，因此，独立的电气火灾监控系统与传统的火灾自动报警系统应分开安装。

（3）分离配置型监控探测器（今后电气火灾监控系统产品的主要发展方向）

分离配置型监控探测器是指电气火灾监控设备与电气火灾监控探测器（包括终端探测头、剩余电流互感器、温度传感器）分离配置，即通过监控探测器（终端探测头）采样配电柜（箱）内导电母线中的电流和漏电流信号，经内置单片机系统分析处理后，应用二总线通信约定，上报消防控制室或值班室里的电气火灾监控设备，且进一步分析处理后，进行所需要的联动控制，从而完成该系统应有的功能。一般只有剩余电流和温度探测功能。

这种系统分工明确、结构简单、成本低、故障率偏低，不含电源控制开关，不串入配电系统,只通过剩余电流互感器（或测温探头）取样信号,性能稳定可靠。不足之处是监控设备与监控探测器、监控探测器与终端探测头之间需要敷设信号线及二芯脱扣控制线，方便使用。

3.10 独立式感烟监测系统

独立式感烟监测系统由独立式物联网感烟报警器、监控平台及手机 App 组成，如图 3-21 所示。感烟设备各自独立供电、互不影响，同时克服传统独立感烟无法联网和联网感烟布线麻烦的缺点，独立安装、无线联网，大幅提高消防施工的效率，提升智慧化水平。

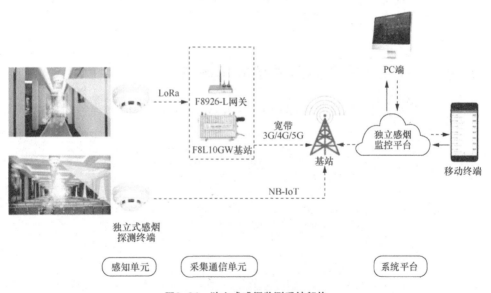

图3-21 独立式感烟监测系统架构

3.10.1　独立式感烟监测系统应实现的功能

独立式感烟监测系统应实现的功能见表3-17。

表3-17　独立式感烟监测系统应实现的功能

序号	功能	说明
1	实时监控	24小时监控火警隐患
2	报警提醒	系统收到报警故障信息时以多种方式将其推送至相关值班及负责人员，提醒其关注故障状况，并及时采取相应措施，消除隐患
3	数据分析	系统通过对感烟探测器的监测数据进行大数据分析，及时发现火灾安全隐患，全面保障建筑空间的安全
4	历史记录	所有告警信息及预警处理均被写入日志，供用户查询调阅
5	权限管理	系统可根据用户实际业务流程和管理需求，为不同的操作人员分配不同的系统访问权限，从而提高系统的整体安全性
6	App联动	通过手机App，相关授权人员可以随时随地了解各区域、各楼层、各房间的监控情况，掌握建筑物当前的状态，接受报警信息，并进行远程预警及预警处理

3.10.2　独立式感烟监测系统应用场景

独立式感烟监测系统的应用场景如图3-22所示。

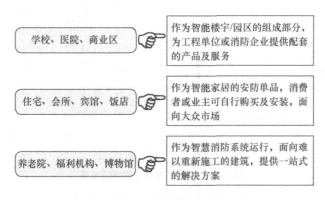

图3-22　独立式感烟监测系统的应用场景

第4章

智能楼宇消防系统

　　随着新型不规则建筑、高层建筑的不断涌现，城市建筑密集且结构复杂，火灾环境发生了重大变化，火灾隐患也随之增加，智能楼宇消防系统对火灾的监测、预防和控制将起到至关重要的作用。

　　消防系统是智能楼宇的重要组成部分。火灾报警及消防联动控制系统以防为主，防消结合，功能是对火灾进行早期探测和自动报警，并能根据火情位置，及时对建筑内的消防设备、配电、照明、广播以及电梯等装置进行联动控制，起到帮助灭火、排烟、疏散人员的作用，确保人身安全，最大限度地减少各项损失。

4.1 智能楼宇消防系统简介

4.1.1 对消防系统的要求

　　智能化建筑的消防系统的设计应立足于防患于未然，在尽量选用阻燃型建筑装修材料的同时，照明与配电系统、机电设备的控制系统等强电系统也必须符合消防要求。智能消防系统应能准确探测各类火情并快速报警。

　　火灾自动检测技术可以准确可靠地探测火险所处的位置，自动发出警报，系统接收到火情信息后自动处理火情信息，并据此对整个建筑内的消防设备、配电、照明、广播以及电梯等装置进行联动控制。

4.1.2 何谓智能楼宇消防系统

　　消防系统是楼宇自动化系统中的一个非常重要的组成部分。典型的消防系统如图 4-1 所示。

　　在智能楼宇消防系统中，火灾报警控制器是系统的管理中心，通过隔离模块接收和处理火灾探测器的火警信号，再通过输入／输出模块控制相应的消防设备，如消防水泵、排烟机、防火卷帘等。通过火灾自动报警系统与消防联动控制系统的有机结合，以及"以防为主，防消结合"方针的贯彻，人们能及时地采取有效的措施，将火灾消灭在萌芽状态，最大限度地减少因火灾造成的生命和财产损失。

4.1.2.1 智能楼宇消防系统的构成

　　一个完整的智能楼宇消防系统由火灾自动报警设备、灭火设备及避难诱导设备构成，如图 4-2 所示。

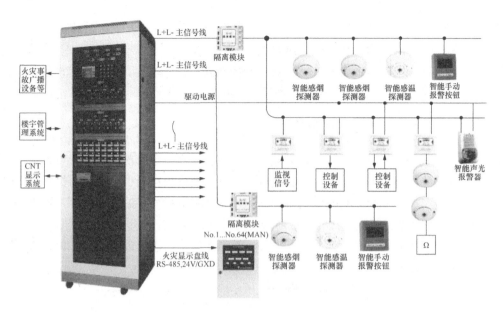

图4-1 典型的消防系统

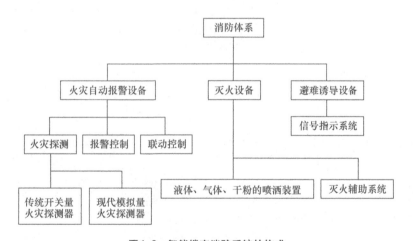

图4-2 智能楼宇消防系统的构成

① 报警设备：包括各类火灾探测器、报警控制器、手动报警按键、紧急报警设备（电铃、紧急电话、紧急广播等）。

② 自动灭火设备：包括洒水喷水、泡沫、粉末、气体灭火等设备。

③ 手动灭火设备：如消火器（泡沫、粉末、室内外消火栓）。

④ 防火排烟设备：包括防火卷帘门、防火风门、排烟口、排烟机、空调通风设备等。

⑤ 通信设备：包括应急通信机、一般电话、对讲电话、无线步话机等。

⑥ 避难诱导设备：包括应急照明装置、引导灯、引导标志牌。

⑦ 其他设备：包括洒水送水设备、应急插座、消防水池、防范报警设备、航空障碍灯、地震探测设备、煤气检测设备、电气设备等。

4.1.2.2 火灾自动报警系统的构成

在火灾报警与消防联动控制系统中，火灾报警系统是感测部分，负责发现火灾并报警的工作。灭火和联动控制系统则是执行部分，接到火警信号后执行灭火任务。火灾报警控制系统的作用是向火灾探测器提供高稳定的直流电源，监视连接各火灾探测器的传输导线有无故障，接收火灾探测器发出的火灾报警信号，迅速、正确地进行控制转换和处理，并以声、光等形式显示发生火灾的具体部位，进而发送消防设备的启动控制信号。

火灾自动报警系统的构成如图4-3所示。

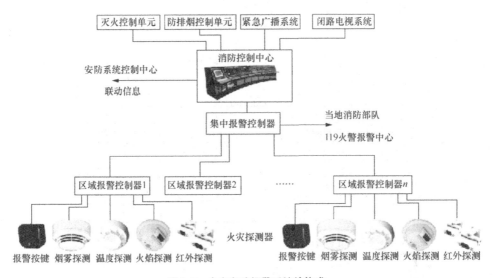

图4-3 火灾自动报警系统的构成

4.1.3 智能楼宇消防系统的基本工作原理

智能楼宇消防系统的基本工作原理如下。

① 当某区域发生火灾时，该区域的火灾探测器探测到火灾信号，然后将信号送到区域报警控制器和集中报警控制器，再由集中报警控制器将其送到消防控制

中心，消防控制中心确定了火灾的位置后，立即向当地的消防部门发出警情信号；

② 系统打开自动喷洒装置、气体或液体灭火器，自动灭火；

③ 紧急广播系统进行灾情广播，并打开紧急照明灯和诱导灯，引导人员疏散；

④ 系统启动防火门、防火阀、排烟口、防火卷帘、排烟风机和防烟垂壁等设备，进行隔离和排烟。

4.2 火灾探测器的选用及维护

火灾探测器是一种在火灾发生后依据物质燃烧过程中所产生的烟雾、火焰、高温等现象，将火灾信号转变为电信号的器件。

4.2.1 室内火灾的发展特征

为了提高火灾探测器探测火灾的准确性和可靠性，我们需要设计与建立一个令人满意的火灾探测系统，并深入研究火灾的发展过程及其特征。室内火灾发展特征曲线如图4-4所示。

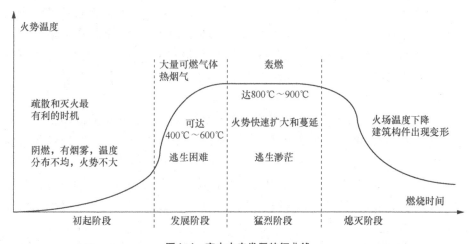

图4-4 室内火灾发展特征曲线

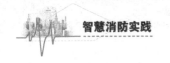

4.2.1.1 初起阶段

火灾初起阶段是指火灾局限在起火部位的着火燃烧过程。火灾初起阶段所产生的现象和特点是:

① 燃烧速度缓慢,燃烧区域较小;

② 起火点火焰小,耗氧量少;

③ 室内各点的温度不同,起火点的温度较高,其他各点温度较低;

④ 烟气量较少,弥漫缓慢,开始影响室内人的视线和呼吸;

⑤ 持续时间长短不同。

火灾在初起阶段,如果能及时被发现,此时是人员安全疏散和灭火的最佳时机,只需较少的人力和简单的灭火器材就可将其扑灭,但此阶段的任何失策都会导致严重后果。例如,漏报警或灭火方法不当都会使火势扩大并扩大到发展阶段。因此,智能楼宇消防系统的火灾探测和报警的设计重点应该放在火灾的初起阶段。

4.2.1.2 发展阶段

火灾发展阶段是指从起火点引燃周围可燃物到轰燃之间的燃烧过程。火灾发展阶段所产生的现象和特点是:

① 火焰由局部向周围可燃物蔓延,燃烧面积不断扩大;

② 周围物体因受热分解出大量的可燃气体,致使火势加剧,热对流加强,热辐射加剧;

③ 火势增强,氧气消耗量增加,如果房间没有开口,则会因供氧不足,燃烧将会减弱,如果此时打开房间门或门窗玻璃破碎,将会导致火势快速发展;

④ 热烟气上升充满房间上部空间,并向室外溢流,新鲜空气则从开口处流入房间。由于热辐射强度增强,热烟载热又很快传递给周围物品,房间内的温度上升很快,可达 400℃～ 600℃。

火灾发展阶段的持续时间主要取决于可燃物的数量、燃烧特性和通风条件。如果可燃物的数量多、燃烧特性好、通风良好,这时,整个房间的可燃物可能发生轰燃。

火灾在发展阶段,温度达到 500℃时的热烟气不仅加速了火灾的蔓延,而且也不利于人员的疏散和逃生,直接威胁人员的生命安全,此阶段必须投入较多的人力、物力才能将其扑灭。

在发展阶段,如果消防人员无法及时赶到现场,火势将很快转入猛烈燃烧阶段。

4.2.1.3 猛烈阶段

火灾的猛烈阶段是指从可燃物轰燃后到火灾衰减之前的过程，火灾猛烈阶段所产生的现象是：

① 房间内所有的可燃物几乎瞬间起火燃烧，火灾面积扩大到整个房间；

② 火焰辐射的热量高，房间温度上升并达到最高点；

③ 火焰和热烟气通过房间开口和房间结构开裂处向走廊或其他房间蔓延；

④ 建筑物结构的机械强度大大下降，建构构件甚至发生变形和垮塌。

火灾猛烈阶段的特点是：

① 由于轰燃，火灾很快进入立体发展和立体蔓延阶段；

② 发生轰燃后，玻璃破碎，燃烧的热烟气经洞孔向外流窜，热气流交换强度突然加大，新鲜空气加速流入火灾区，可燃物质充分燃烧，燃烧速度和热传播速度加快，火灾产生的总热量急剧增加，房间温度急速升高，整体温度达到 800℃～900℃；

③ 燃烧强度、火灾面积和充烟程度都达到了最大值；

④ 火势迅速向外扩大。

火灾猛烈阶段的持续时间取决于建筑物的结构和可燃物的数量：建筑物为可燃结构时，此阶段持续时间为 20～30min；建筑物为阻燃结构时，此阶段的持续时间约为几个小时。

火灾在猛烈燃烧阶段，如果火场有被困人员，此时救人将非常困难，不仅需要大量的人力和器材，而且还需要相当多的人力控制火势以保护起火房间周围的建筑物，防止火势进一步蔓延和扩大。

4.2.1.4 熄灭阶段

火灾熄灭阶段是指火灾衰减到熄灭的过程。在该阶段的前期，火灾仍然猛烈。火灾被控制以后，可燃物逐渐减少，火场温度开始下降。由于燃烧时间长，建筑构件可能出现变形或垮塌的现象。

从上述火灾的发展过程来看，火灾在初起阶段，由于燃烧速度慢，火焰小，燃烧面积小，容易被扑灭与控制。因此，尽早发现火灾，立即采取措施扑灭，同时报警，组织疏散在场人员是消防安全的关键。

4.2.2 火灾探测器的分类

4.2.2.1 按结构造型分类

火灾探测器按结构造型分类可分成点形和线形两大类。

（1）点形火灾探测器

点形火灾探测器是一种响应某一点周围火灾参数的火灾探测器，大多数火灾探测器属于点形火灾探测器，如图4-5和图4-6所示。

图4-5　点形光电感烟火灾探测器　　　图4-6　点形差定温火灾探测器

（2）线形火灾探测器

线形火灾探测器是一种响应某一连续线路周围火灾参数的火灾探测器，其连续线路可以是"硬"的，也可以是"软"的。例如，线形感温火灾探测器是由主导体、热敏绝缘包覆层和合金导体构成的"硬"连续线路；红外光束线型感烟火灾探测器是由发射器和接收器两者中间的红外光束构成"软"连续线路。这两种火灾探测器分别如图4-7和图4-8所示。

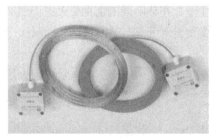

图4-7　线形火灾探测器——　　　　　图4-8　线形火灾探测器——
　　　　"硬"连续线路　　　　　　　　　　　　"软"连续线路

4.2.2.2　按探测火灾参数分类

火灾探测器按照探测的火灾参数的不同可分为感烟、感温、感光、可燃气体和复合式等几大类。

（1）感烟火灾探测器

感烟火灾探测器是一种响应燃烧或热解而产生的固体或液体微粒的火灾探测器，是使用量最大的一种火灾探测器。因为它能探测物质燃烧初期所产生的气溶胶或烟雾粒子浓度,因此,有的国家称感烟火灾探测器为"早期发现"探测器。

常见的感烟火灾探测器有离子型、光电型、吸气式等几种。

离子型感烟火灾探测器由内、外两个电离室构成。外电离室（即检测室）有孔能与外界相通，烟雾可以从该孔进入传感器；内电离室（即补偿室）是密封的，烟雾不会进入。发生火灾时，烟雾粒子流进入外电离室，干扰了带电粒子的正常运行，使电流、电压有所改变，破坏了内外电离室之间的平衡，探测器就会产生感应而发出报警信号。

光电型感烟火灾探测器内部有一个发光元件和一个光敏元件。发光元件发出的光通过透镜射到光敏元件上，电路维持正常，如有烟雾从中阻隔，到达光敏元件上时光就会显著减弱，于是光敏元件就把光强的变化转换成电流的变化，最后通过放大电路发出报警信号。

吸气式感烟火灾探测器一改传统感烟火灾探测器等待烟雾飘散到探测器被动探测的方式，采用新的理念，主动采样探测空气，当保护区内的空气样品被吸气式感烟火灾探测器内部的吸气泵吸入采样管道后，被送到探测器中分析，如果发现烟雾颗粒，探测器立即发出报警信号。

（2）感温火灾探测器

感温火灾探测器的使用程度仅次于感烟火灾探测器的使用程度。它是一种火灾早期报警的探测器，也是一种响应异常温度、温升速率和温差的火灾探测器。常用的感温火灾探测器有定温火灾探测器、差温火灾探测器和差定温火灾探测器。

定温火灾探测器是在规定的时间内火灾引起的温度超过某个规定值时启动报警的火灾探测器。点形定温火灾探测器利用双金属片、易熔金属、热电偶热敏半导体电阻等元件，在规定的温度值上产生火灾报警信号。差温火灾探测器是在规定时间内，火灾引起的温度上升速率超过某个规定值时启动报警的火灾探测器。点形差温火灾探测器是根据局部的热效应而产生报警的火灾探测器，

主要感温器件是空气膜盒、热敏半导体电阻元件等。差定温火灾探测器结合了定温和差温两种作用原理并将两种探测器组合在一起，一般多是膜盒式或热敏半导体电阻式等点形组合式火灾探测器。

与感烟火灾探测器和感光火灾探测器相比，感温火灾探测器的可靠性较高，对环境条件的要求更低，但对初期火灾的响应迟钝。它主要适用于因环境条件而不宜使用感烟火灾探测器的某些场所，并常与感烟火灾探测器联合使用，对火灾报警控制器提供复合报警信号。

（3）感光火灾探测器

感光火灾探测器又被称为火焰探测器，是一种敏感响应燃烧火焰的光谱特性、光照强度和火焰的闪烁频率的火灾探测器。常用的感光火灾探测器有红外火焰型和紫外火焰型两种。

感光火灾探测器的主要优点是响应速度快，其敏感元件在接收到火焰辐射光后的几毫秒，甚至几微秒内就发出信号，特别适用于突然起火且无烟的易燃、易爆场所。它不受环境气流的影响，是唯一能在户外使用的火灾探测器。另外，它还有性能稳定、可靠、探测方位准确等优点，因而得到普遍应用。

（4）可燃气体火灾探测器

可燃气体火灾探测器是一种检测空气中可燃气体含量并发出报警信号的火灾探测器。当空气中可燃气体的含量达到或超过报警设定值时，可燃气体火灾探测器自动发出报警信号，提醒人们及早采取安全措施，避免发生事故。可燃气体火灾探测器除具有预报火灾、防火防爆功能外，还可以起到监测环境污染的作用。

常用的可燃气体火灾探测器有催化型可燃气体火灾探测器和半导体型可燃气体火灾探测器两种类型。半导体型可燃气体火灾探测器是利用半导体表面电阻变化来测定可燃气体的浓度。当可燃气体进入探测器时，半导体的电阻值下降，下降值与可燃气体的浓度具有对应关系。催化型可燃气体火灾探测器利用了难熔金属铂丝加热后的电阻值变化来测定可燃气体的浓度。当可燃气体进入探测器时，铂丝表面引起氧化反应（无焰燃烧），由此产生的热量使铂丝的温度升高，导致铂丝的电阻率发生变化。

（5）图像型火灾报警器

图像型火灾报警器通过比较摄像机拍摄的图像与主机内部的燃烧模型来探测火灾。它主要由摄像机和主机组成，可分为双波段火灾报警器和普通摄像火灾报警器两种。双波段火灾报警器是将普通彩色摄像机与红外线摄像机结合在一起。

（6）复合式火灾探测器

复合式火灾探测器是指响应两种以上火灾参数的火灾探测器，主要有感光感烟火灾探测器、感光感温火灾探测器等。

（7）其他

其他的火灾探测器有：探测泄漏电流大小的漏电流感应型火灾探测器；探测静电电位高低的静电感应型火灾探测器；还有在一些特殊场合使用的，要求探测极其灵敏、动作极为迅速的微差压型火灾探测器；利用超声原理探测火灾的超声波火灾探测器。

4.2.2.3　其他分类

火灾探测器按探测到火灾后的动作可分为延时型火灾探测器和非延时型火灾探测器两种。目前，国产的火灾探测器大多为延时型火灾探测器，其延时时间为3～10秒。

火灾探测器按安装方式可分为外露型火灾探测器和埋入型火灾探测器两种。一般场所采用外露型火灾探测器，内部装饰讲究的场所采用埋入型火灾探测器。

火灾探测器按使用环境可分为陆用型、船用型、耐寒型、耐酸型、耐碱型和防爆型等。

4.2.3　火灾探测器的选择

火灾探测器的适用范围要根据探测区域内的环境条件、可能发生的火灾的形式和发展特点、房间的高度以及可能引起误报的原因等因素综合确定。

4.2.3.1　选择的基本原则

① 火灾初期有阴燃阶段，此时产生大量的烟和少量的热，很少或没有火焰辐射的场所应选择感烟火灾探测器。

② 火势发展迅速，可产生大量热、烟和火焰辐射的场所可选择感烟、感温、火焰探测器或它们的组合。

③ 火势发展迅速，有强烈的火焰辐射和少量烟、热的场所应选择火焰探测器。

④ 火灾形成特征不可预料的场所可根据模拟试验的结果选择适当的探测器。

⑤ 使用、产生或聚集可燃气体或可燃液体蒸汽的场所应选择可燃气体探测器。

4.2.3.2　点形火灾探测器的选择

（1）不同高度的房间的选择类型

不同高度的房间可按表4-1选择不同的探测器。

表4-1　不同高度的房间对应的点形火灾探测器

房间高度 （h，单位：m）	感烟探测器	感温探测器			火焰探测器
		一级 （62℃）	二级 （70℃）	三级 （78℃）	
12 < h ≤ 20	不适合	不适合	不适合	不适合	适合
8 < h ≤ 12	适合	不适合	不适合	不适合	适合
6 < h ≤ 8	适合	适合	不适合	不适合	适合
4 < h ≤ 6	适合	适合	适合	不适合	适合
h ≤ 4	适合	适合	适合	适合	适合

（2）宜选择点形感烟火灾探测器的场所

① 饭店、旅馆、教学楼、卧室、办公室等；

② 电子计算机房、通信机房、电影放映室等；

③ 楼梯、走道、电梯机房等；

④ 书库、档案库等；

⑤ 有电气火灾危险的场所。

（3）不宜选择离子感烟火灾探测器的场所

① 相对湿度经常大于 95% 的场所；

② 气流速度大于 5m/s 的场所；

③ 有大量粉尘、烟雾滞留的场所；

④ 可能产生腐蚀性气体的场所；

⑤ 在正常情况下有烟雾滞留的场所；

⑥ 产生醇类、醚类、酮类等有机物质的场所。

（4）不宜选择光电感烟火灾探测器的场所

① 可能产生黑烟的场所；

② 有大量粉尘、水雾常留的场所；

③ 可能产生蒸汽和油雾的场所；

④ 在正常情况下有烟滞留的场所。

（5）宜选择感温火灾探测器的场所

① 相对湿度经常大于 95% 的场所；

② 无烟火灾的场所；

③ 有大量粉尘的场所；

④ 在正常情况下有烟和蒸汽滞留的场所；

⑤ 厨房、锅炉房、发电机房、烘干车间等；

⑥ 吸烟室等；

⑦ 其他不宜安装感烟火灾探测器的厅堂和公共场所。

（6）不宜选择感温火灾探测器的场所

① 可能产生阴燃或发生火灾不及早报警将造成重大损失的场所；

② 温度 0℃以下的场所；

③ 温度变化较大的场所。

（7）宜选择火焰探测器的场所

① 火灾时有强烈火焰辐射的场所；

② 无阴燃阶段的火灾（如液体燃烧火灾等）场所；

③ 需要对火焰做出快速反应的场所。

（8）不宜选择火焰探测器的场所

① 可能发生无火焰火灾的场所；

② 在火焰出现前有浓烟扩散的场所；

③ 探测器的镜头易被污染的场所；

④ 探测器的镜头"视线"易被遮挡的场所；

⑤ 探测器易被阳光或其他光源直接或间接照射的场所；

⑥ 在正常情况下有明火作业以及 X 射线、光等影响的场所。

（9）宜选择可燃气体火灾探测器的场所

① 使用管道煤气或天然气的场所；

② 煤气站和煤气表房以及贮存液化石油气罐的场所；

③ 其他散发可燃气体和可燃蒸汽的场所；

④ 有可能产生一氧化碳的场所。

（10）探测器的组合

装有联动装置、自动灭火系统以及用单一探测器不能有效确认火灾的场景宜采用感烟火灾探测器、感温火灾探测器、火焰探测器（同类型或不同类型）的组合。

4.2.3.3 线形火灾探测器的选择

（1）宜选择红外光束感烟火灾探测器的场所

无遮挡的空间或无特殊要求的场所宜选择红外光束感烟火灾探测器。

（2）宜选择缆式线形定温火灾探测器的场所

① 电缆隧道、电缆竖井、电缆夹层、电缆桥架等；

② 配电装置、开关设备、变压器等；

③ 各种皮带输送装置；

④ 控制室、计算机室的闷顶内、地板下及重要设施隐蔽处等；

⑤ 其他恶劣环境不适合点形探测器安装的危险场所。

（3）宜选择空气管式线形差温火灾探测器的场所

① 可能产生油类火灾且环境恶劣的场所；

② 不易安装点形火灾探测器的夹层、闷顶。

4.2.4 火灾探测器的设置

4.2.4.1 点形火灾探测器的设置数量和布置

① 探测区域内的每个房间至少设置一个火灾探测器。

② 感烟火灾探测器、感温火灾探测器的保护面积和保护半径应按表4-2确定。

表4-2 感烟火灾探测器、感温火灾探测器的保护面积和保护半径

火灾探测器的种类	地面面积（S，单位：m^2）	房间高度（h，单位：m）	探测器的保护面积（A）和保护半径（R）					
			房间坡度（θ）					
			$\theta \leqslant 15°$		$15° < \theta \leqslant 30°$		$\theta > 30°$	
			A(m²)	R(m)	A(m²)	R(m)	A(m²)	R(m)
感烟火灾探测器	$S \leqslant 80$	$h \leqslant 12$	80	6.7	80	7.2	80	8.0
	$S > 80$	$6 < h \leqslant 12$	80	6.7	100	8.0	120	9.9
		$h \leqslant 6$	60	5.8	80	7.2	100	9.0
感温火灾探测器	$S \leqslant 30$	$h \leqslant 8$	30	4.4	30	4.9	30	5.5
	$S > 30$	$h \leqslant 8$	20	3.6	30	4.9	40	6.3

③ 感烟火灾探测器、感温火灾探测器的安装间距应根据探测器的保护面积（A）和保护半径（R）确定，注意不要超过探测器安装间距的极限曲线规定的范围。

④ 一个探测区域内所需设置的探测器数量不应小于下式的计算值：

$$N = S/(K \cdot A)$$

式中：N代表探测器数量（N应取整数）；

S代表探测区域的面积（m²）；

A代表探测器的保护面积（m²）；

K 代表修正系数，特级保护对象宜取 0.7 ～ 0.8，一级保护对象宜取 0.8 ～ 0.9，二级保护对象宜取 0.9 ～ 1.0。

⑤ 在有梁的顶棚上设置感烟火灾探测器、感温火灾探测器时，应符合下列规定：

a. 当梁突出顶棚的高度小于 200mm 时，可不计梁对探测器保护面积的影响。

b. 当梁突出顶棚的高度为 200 ～ 600mm 时，应按有关规范确定梁对探测器保护面积的影响和一个探测器能保护的梁间区域的个数；

c. 当梁突出顶棚的高度超过 600mm 时，被梁隔断的每个梁间区域至少应设置一个探测器；

d. 当被梁隔断的区域面积超过一个探测器的保护面积时，被隔断的区域应按有关规定计算探测器的设置数量；

e. 当梁间净距小于 1m 时，可不计梁对探测器保护面积的影响。

⑥ 在宽度小于 3m 的内走道顶棚上设置探测器时，宜居中布置。感温火灾探测器的安装间距不超过 10m；感烟火灾探测器的安装间距不超过 15m；探测器至端墙的距离不大于探测器安装间距的一半。

⑦ 探测器至墙壁、梁边的水平距离不小于 0.5m。

⑧ 探测器周围 0.5m 内，不应有遮挡物。

⑨ 房间被书架、设备或隔断等分隔，其顶部至顶棚或梁的距离小于房间净高的 5% 时，每个被隔开的部分至少应安装一个探测器。

⑩ 探测器至空调送风口边的水平距离不小于 1.5m，并宜安装在接近回风口的位置，探测器至多孔送风顶棚孔口的水平距离不小于 0.5m。

⑪ 当屋顶有热屏障时，感烟火灾探测器下表面至顶棚或屋顶的距离应符合表 4-3 的规定。

表4-3　感烟火灾探测器下表面至顶棚或屋顶的距离

探测器的安装高度（h，单位：m）	感烟探测器下表面至顶棚或屋顶的距离（d，单位：mm）					
	顶棚或屋顶坡度（θ）					
	$\theta \leq 15°$		$15° < \theta \leq 0°$		$\theta > 30°$	
	最小	最大	最小	最大	最小	最大
$h \leq 6$	30	200	200	300	300	500
$6 < h \leq 8$	70	250	250	400	400	600
$8 < h \leq 10$	100	300	300	500	500	700
$10 < h \leq 12$	150	350	350	600	600	800

⑫ 对于锯齿形屋顶和坡度大于 15° 的"人"字形屋顶，应在每个屋脊处设置一排探测器。

⑬ 探测器宜水平安装。当倾斜安装时，倾斜角不大于 45°。

⑭ 电梯井、升降机井设置探测器时，探测器的安装位置选在井道上方的机房顶棚。

4.2.4.2 线形火灾探测器的位置

① 外光束感烟火灾探测器的光束轴线距顶棚的垂直距离宜为 0.3～1.0m，距地高度不宜超过 20m。

② 邻两组红外光束感烟火灾探测器的水平距离不大于 14m。探测器距侧墙的水平距离不大于 7m，且不小于 0.5m。探测器的发射器和接收器之间的距离不超过 100m。

③ 设置电缆桥架或支架上的缆式线形定温探测器时，宜采用接触式布置；在各种皮带输送装置上设置时，宜将其设置在装置的过热点附近。

④ 设置在顶棚下方的空气管式线形差温火灾探测器距顶棚的距离宜为 0.1m。相邻管路之间的水平距离不大于 5m；管路至墙壁的距离宜为 1～1.5m。

4.3 火灾报警控制器

火灾报警控制器是火灾自动报警系统的重要组成部分。在火灾自动报警控制系统中，火灾探测器是系统的感测部分，随时监视探测区域的情况；而火灾报警控制器则是系统的核心。

4.3.1 火灾报警控制器的组成

火灾报警控制器由电源和主机两部分组成。

（1）电源部分

电源部分的作用是为主机和探测器提供高稳定的电源。目前大多数火灾报警控制器使用开关式稳压电源。

（2）主机部分

火灾报警控制器的主机部分负责处理火灾探测源传来的信号，并具有报警的作用。从原理上讲，无论是区域报警控制器，还是集中报警控制器，都遵循同一工作模式，即收集探测源信号→输入控制接口单元→自动监控单元→输出控制接口单元。同时，为了使用方便，该部分增加了辅助输入接口、键盘、显示、输出联动控制、计算机通信和打印机等部分，如图 4-9 所示。

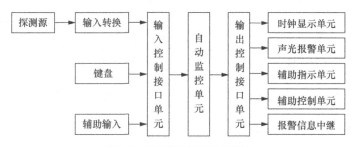

图4-9 控制器主机的工作原理

4.3.2 火灾报警控制器的类型

4.3.2.1 按设计使用要求分类

（1）区域火灾报警控制器

此类控制器直接连接火灾探测器，处理各种报警信息，是组成自动报警系统最常用的设备之一。

四总线制区域报警控制器的工作原理如图 4-10 所示。

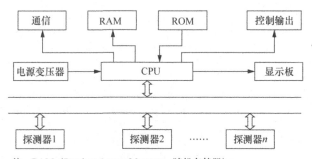

注：RAM（Random Access Memory，随机存储器）；
ROM（Read Only Memory，只读存储器）；
CPU（Central Processing Unit，中央处理器）。

图4-10 四总线制区域报警控制器的工作原理

（2）集中火灾报警控制器

此类控制器一般与区域火灾报警控制器相连，处理区域级火灾报警控制器传送的报警信号，常被用在较大型的系统中。

集中火灾报警控制器的原理如图 4-11 所示。

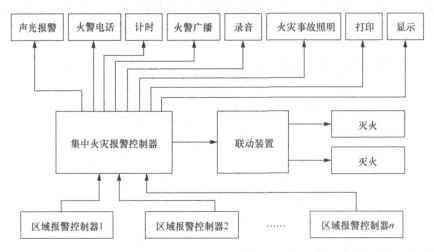

图4-11　集中火灾报警控制器的原理

（3）通用火灾报警控制器

此类控制器兼具区域、集中两级火灾报警控制器的特点。通过设置和修改某些参数（硬件或软件方面），通用火灾报警控制器既可连接火灾探测器作为区域级使用，又可连接区域火灾报警控制器作为集中级使用。

4.3.2.2　按系统连线方式分类

（1）多线制火灾报警控制器

此类控制器与探测器的连接采用一一对应的方式，每个探测器至少有两根线与控制器连接，连线较多，仅适用于小型火灾自动报警系统。

（2）总线制火灾报警控制器

此类控制器采用总线方式与探测器连接。所有探测器均并联或串联在总线上，一般总线数量为 2 根或 4 根。此类控制器具有安装、调试、使用方便的特点，并且工程造价较低，适用于大型火灾自动报警系统。

4.3.2.3　按结构形式分类

① 壁挂式火灾报警控制器：连接探测器的回路数相应少一些，控制功能较简

单，区域火灾报警控制器常采用这种结构。

② 台式火灾报警控制器：连接探测器的回路数较多，联动控制较复杂，操作使用方便，一般常见于集中火灾报警控制器。

③ 柜式火灾报警控制器：可实现多回路连接，具有复杂的联动控制，集中火灾报警控制器属于此类型。

4.3.2.4　按处理方式分类

① 有阈值火灾报警控制器：有阈值火灾探测器处理的探测信号为阶跃开关量信号，不能进一步被处理成火灾探测器发出的报警信号，火灾报警取决于探测器。

② 无阈值模拟量火灾报警控制器：无阈值火灾探测器处理的探测信号为连续的模拟量信号。该控制器报警的主动权掌握在控制器方面，具有智能结构，是现代火灾报警控制器的发展方向。

4.3.2.5　按防爆性能分类

① 防爆型火灾报警控制器：具有防爆性能，常被用于有防爆要求的场所。
② 非防爆型火灾报警控制器：无防爆性能，多被用于民用建筑中。

4.3.2.6　按使用环境分类

① 陆用型火灾报警控制器：被安装于建筑物内或其附近，是最常见的火灾报警控制器。

② 船用型火灾报警控制器：被用于船舶、海上作业等场景。其技术性能，如工作环境温度、湿度、耐腐蚀、抗颠簸等要求高于陆用型火灾报警控制器。

4.3.3　火灾报警控制器的主要技术性能

火灾报警控制器的性能好坏直接影响火灾是否在早期被发现和是否被扑救成功，对于能否将火灾带来的损失控制在最小范围起着决定性作用。火灾报警控制器的重要性决定了它的主要技术性能：

① 确保不漏报；
② 减少误报率；
③ 自检和巡检，确保线路完好以及信号可靠传输；
④ 火警优先于故障报警；
⑤ 主电源断电时能自动切换到备用电源上，同时具备电源状态监测功能；

⑥ 能驱动外控继电器，以便联动所需控制的消防设备；

⑦ 兼容性强，调试及维护方便；

⑧ 工程布线简单、灵活。

4.3.4　火灾报警控制器及警报装置选择

火灾报警控制器及警报装置选择要求如下。

① 重点保护建筑，报警火灾控制器的位置编号应直接被反映到消防控制室或集中火灾报警控制器上，因此，区域火灾报警控制器的容量不小于报警区域内的探测区域的总数，集中火灾报警控制器的容量应不小于监控范围内探测区域的总数。

② 在非重点保护建筑的设计中，探测器可并接在一条回路上，每一条回路跨接的探测器的数量不超过 20 个。每个探测器并联一个显示器（指示灯），该显示器通常安装在门口，以便人员查找。

手动报警按键应单独作为回路，以便于及早发现火情。

非重点保护建筑内的集中火灾报警控制器的容量可少于监控范围内的探测区域的总数。

③ 火灾自动报警系统采用总线制多路传输方式，以减少安装导线的数量，并能准确查找火灾发生的地点，但每条总线上以并联 50 个探测器为宜（包括手动报警按键），每条回路的传输导线距离为 1km 为宜。几个探测器可编成一个地址号码。

④ 火灾报警控制器的选择要求：报警可靠、便于维修、结构简单、接头尽量少、操作简便。

4.4　火灾自动报警系统的设计

火灾自动报警系统由触发装置、报警装置、警报装置和电源组成：触发装置由手动报警按键和火灾探测器组成；报警装置由中继器、探测报警控制装置、火灾报警控制器、火灾显示器组成；警报装置由火灾显示灯、火灾警报器、声／光显示器组成。

目前，我国工程所采用的火灾自动报警系统主要有区域报警系统、集中报警系统和控制中心报警系统 3 种。

4.4.1 区域报警系统

区域报警系统的布设应注意以下问题。

① 单独使用区域报警系统时，一个报警区域宜设置一台区域报警控制器，必要时可使用两台，最多不能超过 3 台区域报警控制器。

如果区域报警控制器的数量多于 3 台，就应采用集中报警系统。

② 当用一台区域报警控制器警戒数个楼层时，探测器在报警后，以便人员及时、准确地到达报警地点，并迅速采取扑救措施，每个楼层在楼梯口设置识别报警楼层的灯光显示装置。

③ 在安装壁挂式的区域报警控制器时，其底边距地面的高度不应小于 1.5m，这样，整个控制器都在 1.5m 以上，既便于管理人员观察监控，又不易于被小孩触摸。另外，控制器门轴侧面距墙不应小于 0.5m，正面操作的距离不应小于 1.2m。

④ 区域报警控制器一般应设在有人值班的房间或场所。如果确有困难，可将其安装在楼层走道、车间等公共场所或经常有值班人员管理巡逻的地方。

4.4.2 集中报警系统

集中报警系统是由集中报警控制器、区域报警控制器和火灾探测器组成的。

集中报警系统的布设，应注意以下几点。

① 集中报警控制器输入、输出的信号线，在控制器上通过接线端子连接，不得将导线直接接到控制器上。输入、输出信号线的接线端子要有明显的标记和编号，以便于工作人员检查、更换或维修线路。

② 控制器前后应按规定留出操作、维修的距离。

盘前正面的操作距离：单列布置时，不小于 1.5m；双列布置时，不小于 2m。值班人员经常工作的一面，盘面距墙不小于 3m。盘后修理间距不小于 1m，从盘前到盘后留有宽度不小于 1m 的通道。

③ 集中报警控制器应设在有人值班的房间或消防控制室。控制室的值班人员在经过当地消防机构培训后方可持证上岗。

④ 集中报警控制器所连接的区域报警控制器应满足区域报警控制器的要求。

4.4.3 控制中心报警系统

控制中心报警系统是由设置在消防控制室的消防控制设备、集中报警控制器、区域报警控制器和火灾探测器等组成的火灾自动报警系统。

4.4.3.1 控制中心报警系统的设备

消防控制设备主要包括：
① 火灾警报装置；
② 火警电话；
③ 火灾事故照明；
④ 火灾事故广播；
⑤ 防排烟、通风空调、消防电梯等联动控制装置；
⑥ 固定灭火系统控制装置等。

4.4.3.2 控制中心报警系统的设计要求

控制中心报警系统在设计上应符合下列要求：
① 系统中至少设有一台集中报警控制器和必要的消防控制装置。这些必要的消防控制装置和集中报警控制器都应被设置在消防中心控制室。有的消防控制装置同区域报警控制器被设置在一起，区域报警控制器完成联动控制功能后，将信号送到消防中心控制室。这种设计在大型工程中值得推广。
② 在大型建筑群里，设置在消防中心控制室以外的集中报警控制器和联动控制装置均应将火灾报警信号和联动控制信号传送到消防中心控制室。

4.5 消防联动控制

当发生火灾时，建筑物的消防联动控制系统发出声光报警，并进行紧急广播，引导人员疏散，组织有关人员扑火、灭火，对室内消火栓系统、自动喷水灭火系统、防排烟系统、正压送风系统、气体灭火系统、防火卷帘门、照明、电梯、空调等进行联动控制。

4.5.1　消防联动控制系统

消防联动控制系统是火灾自动报警系统中的一个重要组成部分。它通常包括消防联动控制器、消防控制室图形显示装置、传输设备、消防电气控制装置（防火卷帘控制器、气体灭火控制器等）、消防设备应急电源、消防电动装置、消防联动模块、消火栓按钮、消防应急广播设备、消防电话等设备和组件。

消防联动控制系统的构成如图4-12所示。

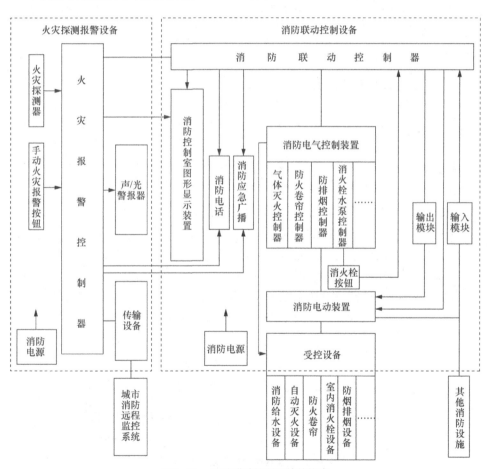

图4-12　消防联动控制系统的构成

消防联动控制器是消防联动控制设备的核心组件。它接收火灾报警控制器发

出的火灾报警信息，按预设逻辑对自动消防设备实现联动控制和状态监视。消防联动控制器可直接发出控制信号，驱动装置控制现场的受控设备。对于控制逻辑复杂以及在消防联动控制器上不便实现直接控制的情况，可通过消防电气控制装置（如防火卷帘控制器、气体灭火控制器等）间接控制受控设备。

消防联动控制器的工程设计、施工及验收应符合现行国家相关标准的规定。不同场所对消防联动控制器的选型和使用应根据场所的特点和系统规模及用户需求来决定。壁挂式消防联动控制器通常被用于中小规模的消防联动控制系统中。大规模或超大规模的消防联动控制系统宜选用柜式或台式消防联动控制器。一些场所还应根据使用环境条件和某些特殊要求选用相应形式的消防联动控制器。容易产生爆炸的危险场所应选用防爆型消防联动控制器。船用场所应选用船用型消防联动控制器。

4.5.2　各系统的联动

4.5.2.1　消防供电

火灾自动报警系统与消防联动控制系统的特点是连续工作，不能间断。这就要求消防设备的供电系统要具备高可靠性。只有这样才能充分发挥消防设备的功能，及时发现火情，将火灾造成的损失降到最低。高层建筑或具有一、二级电力负荷的场所通常采用单电源或双电源的双回路供电方式，即用两个 10kV 电源进线和两台变压器构成消防主供电电源。

（1）一类建筑的消防供电电源

一类建筑的消防设备的供电系统如图 4-13 所示。

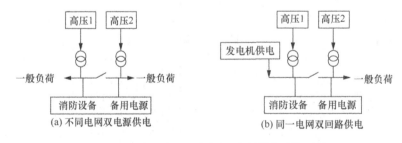

图4-13　一类建筑的消防设备的供电系统

图 4-13（a）表示两张不同的电网构成双电源供电，两个电源之间装有一组分段开关，形成"单母线分段制"。任一条电源的进线发生故障或进行检修而被切

除后，分段开关可以闭合，由另一条电源进线对整个系统供电。分段开关通常是闭合的。

图4-13（b）表示消防设备采用同一电网双回路电源供电，两个变压器之间采用单母线分段，设置一组发电机组作为向消防设备供电的应急电源，满足一级负荷要求。

（2）二类建筑的消防供电电源

二类建筑的消防设备的供电系统如图4-14所示。

二类建筑的消防设备通常采用双回路供电：图4-14（a）表示双回路供电；图4-14（b）表示由外部引来一路低压电源，使之与本部门电源互为备用。对二类建筑的消防供电系统的要求是，当电力变压器出现故障或电力线路出现常见故障时供电不能中断。

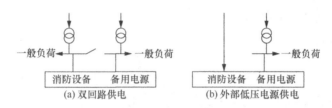

图4-14 二类建筑的消防设备的供电系统

（3）备用电源自动投入，自动使两路电源互为备用

在正常情况下，两台变压器分别运行，若Ⅰ段母线失压（或1号回路掉电），自动投入装置使Ⅰ段母线通过Ⅱ段母线接受2号回路的电源供电，完成自动切换任务。

4.5.2.2 消火栓水泵、喷洒泵联动控制

消火栓水泵、喷洒泵联动控制原理如图4-15所示。

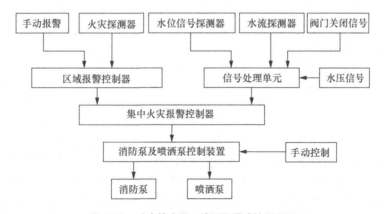

图4-15 消火栓水泵、喷洒泵联动控制原理

121

（1）消火栓水泵的联动控制

室内消火栓水泵的启动方式与建筑物的规模和给水系统有关，通常以确保安全、电路简单合理为原则。集中报警控制器接收到报警信号后，联动控制消火栓水泵启动，也可手动控制其启动，同时水位信号反馈到控制器，作为下一步控制操作的依据之一。

（2）喷洒泵的联动控制

当火灾现场的温度上升到60℃以上时，喷淋头内充满热敏液体的玻璃球受热膨胀而破碎，密封垫随之脱落，喷淋头喷出具有一定压力的水灭火。喷淋头内有水流流动，水压下降，这些变化分别被水流报警器和水压开关转换成电信号，并将其送到集中报警控制器或直接送到喷洒泵控制箱，喷洒泵启动，以保证喷洒灭火系统具有足够高的水压。

4.5.2.3 排烟联动控制

排烟系统电气控制线路的设计是在选定自然排烟、机械排烟、自然与机械排烟并用或机械加压送风方式之后进行的，排烟控制分为直接控制方式和模块控制方式两种。

图4-16为排烟联动直接控制方式。集中火灾报警控制器收到火警信号后，直接产生控制信号，控制排烟阀门开启，排烟风机启动，空调、送风机、防火门关闭，同时接收各设备的反馈信号，监测各设备是否正常工作。

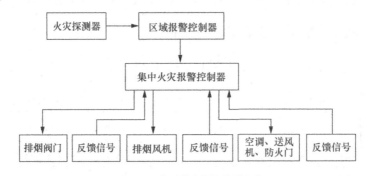

图4-16 排烟联动直接控制方式

图4-17为排烟联动模块控制方式，集中火灾报警控制器收到火警信号后，开启排烟阀门，发出启动排烟风机，关闭空调、送风机、防火门等设备动作的一系列指令。其中，各设备的状态反馈信号经总线传输到各控制模块，然后再由各控制模块启动对应的设备动作。同时，各设备的状态反馈信号也通过总线传送到

集中报警控制器。

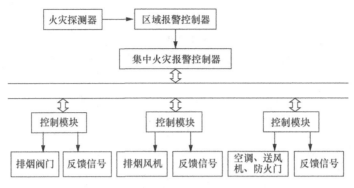

图4-17 排烟联动模块控制方式

4.5.2.4 防火卷帘及防火门的联动控制

防火卷帘通常设置于建筑物防火分区通道口外，可形成门帘式防火隔离区。当发生火灾时，防火卷帘根据火灾报警控制器发出的指令，先下降一部分，经过一段时延后，再降到地面，从而起到紧急疏散人员，火灾区隔火、隔烟，控制烟雾与燃烧过程所产生的有毒气体扩散和火势蔓延的作用，防火卷帘联动控制方式如图 4-18 所示。

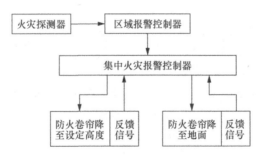

图4-18 防火卷帘联动控制方式

4.5.2.5 气体灭火系统联动控制

气体灭火系统主要用于建筑物内需要防水且比较重要的场所，如配电间、通信机房、计算机房等。通常，气体灭火系统通过火灾报警控制器与灭火控制装置进行联动控制，实现自动灭火，如图 4-19 所示。

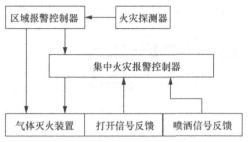

图4-19 气体灭火系统联动控制

4.5.3 消防系统的智能化

消防系统的智能化程度涉及诸多因素,其中包括火灾探测器的选用与处理电信号的电路的设计,探测器与控制器之间的信息通信方式的选择和实现,火灾探测、报警与消防设备的联动控制等,而提高消防系统智能化程度的最关键因素是火灾信息的判断处理。

火灾探测器输出信号的判断处理主要有以下 4 种方式。

(1)阈值比较方式

阈值比较方式是目前火灾探测器中普遍采用的方式,也是最早使用的火灾信息判断处理方式。当前广泛使用的可寻址开关量火灾报警系统、响应阈值自动浮动火灾报警系统等都使用阈值比较方式。

(2)报警阈值自动浮动方式

报警阈值自动浮动方式的特点是其灵敏度可通过火灾报警控制器中的软件进行多级设置,并且可实现对影响火灾探测器精度的环境温度、湿度、风速、污染等因素的自动补偿或人工补偿。因此,报警阈值自动浮动方式的智能化程度比阈值比较方式高。该方式处理的信息多为模拟量信号。

(3)分布智能方式

在采用分布智能方式的智能消防系统中,每个火灾探测器配置一个简单的微处理器,使之取代探测器的硬件电路,进行数据处理和简单的分析判断,以提高探测器输出数据的可靠性和有效性。高层建筑的智能消防系统采用分布智能方式,能迅速发现初期火灾,减少误报与漏报。

(4)火灾模式识别方式

火灾模式识别方式的主要思想是在火灾报警控制器的计算机内存中存入各种火灾和非火灾性燃烧的特征值。具体工作原理是,探测器探测到的各类表征火灾的特征参数（烟浓度、温度等）被送到火灾报警控制器或在智能探测器中进行初步处理，之后系统将火灾探测器的测量值与计算机内存储的火灾特征值比较分析，从而对火灾的真实性做出正确判断。

4.5.4 智能消防系统与设备自动化系统的联网

智能消防系统可以自成体系，单独运行，以实现火灾信息的探测、处理和判断，并进行消防灭火设备的联动控制。同时，智能消防系统也可以与建筑设备自动化系统（Building Automation System，BAS）和办公自动化系统（Office Automation System，OAS）联网，如图4-20所示。智能消防系统通过网络实现远端报警和信息传送，向当地消防指挥中心及有关单位通报火灾情况，并可通过城市信息网络与城市管理中心、城市电力调度中心、城市供水管理中心等单位共享数据和信息。在发出报警信号之后，智能消防系统综合协调城市供水、供电和交通等部门，为有效灭火提供充足的供水和供电，为消防人员和消防车的及时就位提供畅通的交通保障，确保及时有效地扑灭大火，最大限度地减少火灾所造成的损失。

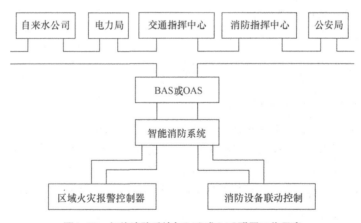

图4-20　智能消防系统与BAS或OAS联网工作示意

消防指挥系统、防火管理系统和城市信息系统的联网为消防指挥提供了更多的手段和条件。通过计算机网络分级管理、有线通信结合无线通信、卫星全球定位系统的应用，消防人员和消防车辆可以得到合理调配，火灾信息可以得到及时更新，从而确保消防应急救援人员及时有效地扑灭大火，最大限度地减少人员伤亡和财产损失。

4.6　消防控制室

消防控制室是设有火灾自动报警控制设备和消防控制设备，用于接收、显示、处理火灾报警信号，控制相关消防设施的专门处所。具有消防联动功能的火灾自动报警系统的保护对象中应设置消防控制室。

4.6.1　消防控制室的适用条件

仅有火灾报警系统无消防联动控制功能的场所，可设置消防值班室，消防值班室可与经常有人值班的部门合并设置；设有火灾自动报警系统和自动灭火系统或设有火灾自动报警系统和防、排烟系统等具有联动控制功能的场所，应设置消防控制室。消防控制室根据实际情况，可独立设置，也可以与保安监控室合用，并保证专人 24 小时值班。

4.6.2　消防控制室的位置选择

消防控制室是保障建筑物安全的重要部位之一，应设在交通便利和不易燃烧的地方，具体应满足以下要求：

① 消防控制室应设在建筑物的首层，并设有直接连通室外的安全出口，安全出口的门应向疏散方向开启；

② 消防控制室应设在内部和外部消防人员能容易找到并可以接近的房间，且宜靠近消防施救面一侧；

③ 消防控制室不应设在厕所、锅炉房、浴室、汽车库、变压器等场所的隔壁和上、下层相对应的地方，同时应采用耐火极限不低于 2h 的隔墙和 1.5h 的楼板与其他部位分隔开。

4.6.3　消防控制室的面积要求

根据建筑物建设规模的大小，消防控制室应保证有容纳消防控制设备和值班、操作、维修工作所必需的空间。消防控制室内设备的布置应满足《火灾自动报警系统设计规范》（GB 50116—2013）的要求。独立设置的消防控制室的面积应满足以下要求：

① 多层建筑和内部装修的消防控制室（消防值班室）的建筑面积应不小于 $12m^2$；

② 二类高层建筑和一类高层住宅楼的消防控制室的建筑面积应不小于 $15m^2$；

③ 一类高层建筑的消防控制室的建筑面积应不小于 $18m^2$。

当消防控制室与保安监控室合用时，消防控制室的面积除上述规定外，还应加上安保监控设备安装所需要的面积和人员值班室所需要的面积。

4.6.4 消防系统的管理、维护要求

① 设有消防控制室的单位应配备消防管理、维修及值班人员，且人员必须经消防部门培训合格后方可持证上岗。

② 消防控制室应在显要位置悬挂操作规程和值班人员职责，配发统一的值班记录表和使用图表，值班人员应熟悉工作业务，做好值班记录和交接班工作。

③ 建筑内部装修报警系统应并入消防控制室进行统一管理。

④ 消防系统的使用单位要定期检查和测试系统，以保证系统连续正常运行，不得随意中断。

第5章

数字化灭火救援预案系统

　　灭火救援预案是消防队伍针对重点消防单位可能出现的火灾等灾害事故及危害的大小，拟定的包括力量调集、兵力部署、战术方法等的灭火救援方案。灭火救援预案是消防队伍实施灭火救援指挥的重要依据，制订灭火救援预案是消防队伍的一项重要的基础性工作。近年来，各地消防队伍制订的救援预案一般都停留在文字、图片和录像的平面制作阶段，这种静态的救援预案不仅制作周期较长，也不适应灾情的变化。因此，应用计算机技术和数据库管理系统，为各地消防队伍科学制订数字化火灾救援预案，使预案更切合危险源的实际情况就显得尤为重要。

5.1　数字化灭火救援预案系统概述

5.1.1　数字化灭火救援预案的定义

制订科学、实用的灭火救援预案是提高灭火救援成功率、减少人员伤亡和财产损失的重要保障，因此先进的信息通信技术与灭火救援业务相结合的数字化灭火救援预案势在必行。数字化灭火救援预案是指运用先进的分布式计算结构及先进的信息技术、计算机实景仿真技术、模拟技术、数字通信技术和网络技术、动态图像传输、信息收集和仿真手段，将城市数字化、三维可视化，实现城市级别的超大规模的场景显示和数据集成，实现城市内和跨区域的指挥与合成，完成从熟悉、训练、考核乃至指挥的智能，最终达到消防信息数字化、训练模拟化、指挥智能化。数字化灭火救援预案是基于火灾危险性分析、区域模拟和场景模拟等数据而编制的。

5.1.2　数字化灭火救援预案系统的应用前景

（1）为灭火救援指挥决策提供准确翔实的基础信息

当某单位发生火灾时，消防队伍各级指挥员可以通过数字化灭火救援预案准确、快捷地查询事故单位的基本信息，为现场指挥、内部攻坚、有效处置灾害事故提供科学依据。

（2）为消防应急救援人员熟悉单位及模拟演练提供技术支持

数字化灭火救援预案系统可以把相关单位的信息通过网络以三维动画的形式直观地显现给所有消防员，让消防员在营区就可以熟悉该单位的具体情况。同时，数字化灭火救援预案系统可以进行三维互动功能扩展，消防员在平时训练中通过该救援预案系统可以实现模拟演练，熟悉作战战略、任务分配和进攻线路，为实地演练打下坚实的基础。

（3）为灭火救援内部攻坚提供安全保障

对于现场环境复杂（如大型城市综合体等）的灾害事故，单位数字化救援预案系统可与消防员携带的具备室内定位导航和生命体征探测的设备对接，依托已有的三维模型，实现室内位置图形化显示、语音通信等功能，并将相关数据通过 4G/5G 网络回传至现场指挥部，方便现场指挥人员及时掌握内攻人员的状况并进行远程指挥。

5.2　数字化灭火救援预案的编制

5.2.1　数字化灭火救援预案的内容

一套完整的数字化灭火救援预案包括建筑物的基本情况、火灾评估、处置方案、应用计算和现场服务五大部分。

① 建筑物的基本情况包括建筑概况、功能分区、消防设施分布等内容。

② 火灾评估包括火灾等级、人员集结、车辆集结等内容。

③ 处置方案包括组织指挥、力量调集、战斗行动等内容。

④ 应用计算包括供水能力、车辆计算、疏散时间计算等内容。

⑤ 现场服务包括救援组织、医院、可调用的车辆等内容。

5.2.2　数字化灭火救援预案的设计思路

数字化灭火救援预案的发展可以分为文本预案、电子预案和数字化预案 3 个阶段。传统的预案是文本预案，主要是手工填写、绘制，以纸质形式保存。预案的内容通常包括单位基本信息、重点部位和针对重点部位起火后的力量部署。这种预案在使用时由相关人员直接翻阅，可靠性强，但是由于消防安全重点单位越来越多，情况越来越复杂，此类灭火救援预案制订费时费力，且信息有限，已不能满足当前灭火作战的需要。

随着计算机的普及，预案也从手工绘制的纸制预案发展到计算机绘图、保存、管理的电子预案。此类预案在计算机上录入制作，采用了文字、表格、照片甚至录像等形式，信息可以在网络上共享，使用时由相关人员用计算机调出或打印即可。此类预案的优点是制作简单、查阅管理方便、信息丰富、便于携带，具有了初步

的系统化特点。但此类预案还是传统预案的简单延续，从编制内容和方法上没有太大改变，只是将传统预案的内容综合后录入计算机中，是存储媒体和调用管理方式的改变。

但是目前各地逐渐涌现大批超高层，异形结构，采用新材料、新工艺的建筑，此类建筑的结构复杂、功能多样、人员密集、消防设施齐全、工艺复杂，对灭火救援预案的编制提出了更高的要求。

数字化灭火救援预案并不是简单地将传统灭火救援预案的内容整合录入计算机中，而是吸取了现有预案的优点，充分应用数字技术与信息技术、火灾科学与安全科学技术、数据库技术、地理信息技术、三维图像显示技术等现代科技，克服了原有预案缺乏火灾科学模型支持、查询困难、表达不直观、可操作性差等缺点，通过完整、科学的数据模型建立全面而具体的预案架构，比传统预案更科学有效。数字化灭火救援预案相对于纸质和电子预案是质的飞跃，采用了以下设计思路。

（1）系统的平台化

若想充分发挥数字化灭火救援预案的功能，我们应该将预案建设在一个开放性的数据平台上，这样，不但参与灭火救援的不同支队、中队制作的预案可以互相调用、观摩，而且可以兼容指挥调度、考核训练等相关系统，共同组成消防数据平台，合力为灭火救援工作服务。

（2）编制内容的科学化

数字化灭火救援预案面向的对象是结构复杂、扑救困难的重点建筑，因此，其编制的科学性尤其重要。如起火层人员疏散的时间、火灾和烟气蔓延的速度、重点部位起火后对建筑整体的影响，这些都需要经过科学的分析计算才能得出结论。火灾危险性分析包括对火灾发展的预测模拟和风险分析、人员疏散模拟和分析等内容，最后还要由经验丰富的指挥人员综合以上数据研判，确定重点部位，并根据消防队伍的装备情况部署力量。数字化灭火救援预案的科学性和有效性是建立在科学分析的基础上的，这就要求预案的制订者要有较高的消防专业素质，灭火部门和防火部门要协同配合，甚至还需要建筑物性能化防火设计和公共安全方面的专家共同参与编制。

（3）信息的三维化

在数字化灭火救援预案中，消防安全重点单位的外观和周边信息、建筑结构、重点部位、消防设施、力量部署、火灾危险分析数据等能在三维场景中再现，消防人员可以方便地查询定位，并对空间复杂的建筑结构、任务多样的力量部署、枯燥生硬的分析数据有直观的了解。

（4）预案和演练的一体化

数字化灭火救援预案可以指导消防人员熟悉单位的情况，方便非本辖区的增援单位的消防人员进行网上调研，甚至可以通过预案系统在三维预案中进行仿真灭火救援演练。

数字化灭火救援预案未来的发展方向是智能化，预案系统能和 GPS、各类侦查检测仪器无线连接，自动采集火场的力量部署、风向、温度、火源、建筑形变等数据，并进行智能化判断和评估，根据灭火救援的需要提供相关情况、分析结论和计算结果，辅助指挥人员进行灭火救援指挥。

5.2.3　数字化灭火救援预案的内容结构

根据数字化灭火救援预案的功能要求，我们在预案制订、应用过程中需要考虑各项因素，建立图 5-1 所示的预案的内容结构。整个预案的内容结构由单位基础信息、预测模拟危险性分析、处置决策、灭火救援部署及行动、灭火救援（联动）力量组成。

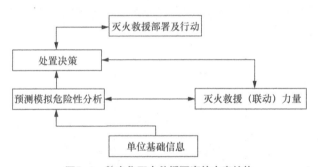

图5-1　数字化灭火救援预案的内容结构

（1）单位基础信息

单位基础信息主要包括预案对象的地理位置，周边的毗邻情况，建筑布局，建筑结构特点，建筑内物资的性质和工艺流程（主要针对工业建筑），人员疏散通道，建筑内、外部的水源和其他固定或半固定的消防设施等。

（2）预测模拟危险性分析

预测模拟危险性分析是指我们通过对预案涉及单位的可燃危险源进行辨识，选择风险较大的部位设定火情，利用火灾动力学模型，结合预案对象的基础信息和环境条件对火灾的发展过程、影响区域、人员安全疏散等进行数值模拟和预测，分析火灾可能造成的危害及影响，并给出危险性分析结果，为制订应急决策和应

急救援方案提供依据。

（3）灭火救援（联动）力量

灭火救援（联动）力量包括重点单位附近的消防、医疗、公安、交通以及其他联动的应急救援力量的分布情况和装备情况。

（4）处置决策与灭火救援部署及行动

处置决策与灭火救援部署及行动是根据基础信息、预测模拟、危险性分析结果，以管理科学、运筹学、控制论为基础，利用三维的空间数据处理、显示和输出功能作为载体，进行灭火救援辅助决策和指挥。其内容包括根据设定火情分析结果，确定大致的消防应急救援力量的数量和构成，划定各救援力量的工作区，明确各救援力量的任务和进攻路线、行动方案等，为指挥人员的决策提供辅助支持。

5.2.4 数字化灭火救援预案的编制步骤

编制者在制订灭火救援预案时，应力求揭示扑救火灾的内在规律，全面反映灭火救援的实战要求，并突出针对性和可操作性。编制数字化灭火救援预案的基本步骤如图5-2所示。

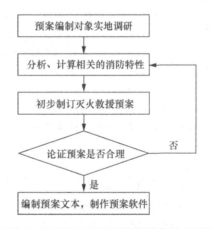

图5-2 编制数字化灭火救援预案的基本步骤

（1）分析预案编制对象的基本情况及消防资源情况

编制者在实地调研预案编制对象的基本情况的基础上，着重从总体概况、功能分区、人员特性、火灾特性、主动防火设施（火灾自动报警系统、消防给水灭火系统、防排烟系统等）、被动防火设施（建筑结构与装修材料等）等方面分析预案编制对象的消防性能，特别是消防设施的情况，从而为编制灭火救援预案提供客观、详细的基础资料，具体分析过程如图5-3所示。

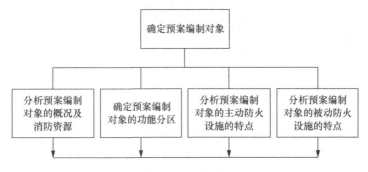

图5-3 对预案编制对象的分析过程

（2）评估预案编制对象的火灾灾情

编制者通过综合分析预案编制对象的建筑特点、功能分区、周边道路交通状况、目前消防装备处置能力等情况，设定可能出现的火灾场景，进而划分合理的火警等级。此外，编制者还应按照火警等级确定相应的交通管制和警戒区域以及车辆和人员集结地点；针对不同预案编制对象的特点，依据功能分区、消防设施性能、现有消防装备灭火救援能力等因素，划分适用于采取不同灭火救援手段的灭火救援分区，为编制模块化灭火救援预案提供技术支撑，评估预案编制对象的火灾灾情的过程如图5-4所示。

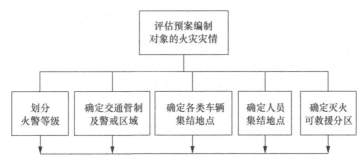

图5-4 评估预案编制对象的火灾灾情的过程

（3）确定并论证处置方案

作为预案的核心模块，灭火救援处置方案为快速、有序地组织灭火救援协同作战提供了全面保障，是处置力量实施灭火援救活动的行动依据。针对每个灭火救援分区，灭火救援处置方案从基本情况、组织指挥、力量调集、战斗行动、特

别警示 5 个方面入手，力求全面反映灭火救援处置活动的整体需求。战斗行动子模块通过已划分的 3 个灾情状态（初起阶段、发展阶段、猛烈阶段），以"侦察→进攻路线→疏散→救生→灭火→破拆→排烟→供水→照明→排水→收残"的处置程序，从力量组成、任务与方法、警示 3 个方面着手，提出了基于现有消防技术装备和消防人员结构条件下的灭火救援处置手段，同时，为消防作战实体指挥人员把握各自的灭火行动提供了快速检索的功能。制订灭火救援处置方案和行动预案的过程如图 5-5 和图 5-6 所示。

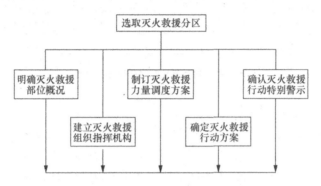

图5-5　制订灭火救援处置方案的过程

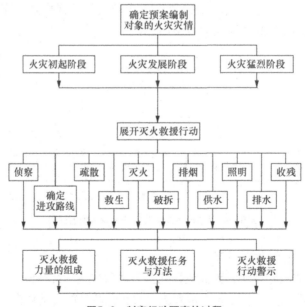

图5-6　制定行动预案的过程

（4）设计应用计算程序

为了更有效地控制复杂的火灾现场，消防应急指挥中心需根据火灾现场的实际情况，为灭火救援行动实时调集消防处置力量。编制者通过设计灭火救援应用计算程序，可以使相应的预案具备火灾现场实时计算功能，进而为高效、合理地利用现有的消防资源提供定量决策依据。

灭火救援应用计算一般包括疏散时间计算、供水能力计算、灭火剂量计算等内容。灭火救援应用计算程序如图5-7所示。

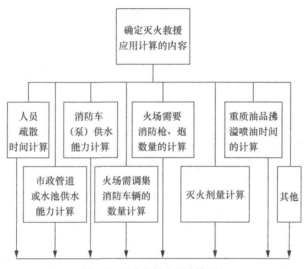

图5-7 灭火救援应用计算程序

（5）集成灭火救援现场服务的信息

在灭火救援实战的过程中，为快速协调、调集社会处置力量或利用相关资源、信息提供辅助决策依据，可通过消防调度指挥中心的 GIS 集成相关资源信息，这些信息具体包括：

① 预案编制对象的防火救灾组织、500m 范围内的交通图、300m 范围内的水源图；

② 已调用的消防站、车辆数量及车辆行驶的公里数和时间，可调用的消防特种车辆、装备、灭火剂的种类和数量及车辆行驶的公里数和时间；

③ 急救医院能提供的床位数；

④ 周边地区的专业抢险力量，包括供水单位、供电单位、供气单位；

⑤ 周边地区的公安及交通巡警力量、特种救援协作单位等内容。

集成灭火救援现场服务信息的过程如图5-8所示。

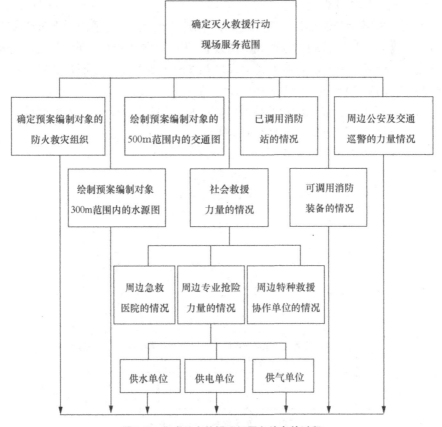

图5-8　集成灭火救援现场服务信息的过程

（6）编制预案文本

预案文本主要包括预案编制对象的基本情况、灾情评估、处置方案、应用计算、现场服务5个模块。各模块的基本组成应能涵盖整体预案涉及的相关内容，力求内容全面，且科学、适用，以便为编制灭火救援预案应用软件打下坚实的基础。

（7）制作应用软件

灭火救援预案在实现软件化的过程中，既要充分运用各类先进的预案软件制作技术，又要注重相应技术的适用性及其推广意义，使软件化灭火救援预案能在以计算机为核心的各类载体中得到普遍应用，并能适应互联网的飞速发展。预案软件编制的要求：使预案软件实现动态与静态结合，文字与音视频、图片、动画结合；实现查询与辅助决策结合；同时满足预案操作简单、反应快速、兼容性强、维护管理方便等性能要求。

5.3 数字化灭火救援预案平台的建设

5.3.1 建设数字化灭火救援预案平台的必要性

5.3.1.1 数字化灭火救援预案的局限性

数字化灭火救援预案是以数字化表示和图形化展现的方式，具有全面、具体、针对性强且直观高效等特点的预案。预案的数字化能使预案的制订达到规范化和可视化，使数字化灭火救援预案能从"墙上"走下来，成为灭火救援指挥决策的有效辅助手段。

数字化灭火救援预案具有可视性强、操作性强、信息直观的特点，能有效地为灭火作战提供高效、可靠的参考依据。同时，数字化灭火救援预案还可以通过笔记本电脑、掌上电脑等随身携带的终端被消防人员使用。但数字化灭火救援预案也存在局限性，从而影响其大规模推广和使用。

（1）制作费用高

数字化灭火救援预案多采用数字化多媒体技术制作，其制作技术性较强，非专业人员一般难以独立完成，特别是重点大型数字化灭火救援预案往往是通过商业途径委托专业机构或地方软件公司代为制作的，其费用高昂。费用问题使数字化灭火救援预案难以被大规模推广和使用。

（2）制作周期长

数字化灭火救援预案包括文字内容、现场图片、各阶段部署图、力量计算，甚至包括三维立体图，一个大型的数字化灭火救援预案的制作周期最少要半个月。

（3）制作难度大

由于技术原因，数字化灭火救援预案需通过各类三维软件、制图软件和编程软件制作，各基层单位的预案制作人员受自身能力限制难以掌握预案制作的全部技术，因此，制作数字化灭火救援预案的难度大。

5.3.1.2 数字化灭火救援预案平台可实现的功能

数字化灭火救援预案平台是运用公共安全技术和信息技术，以数字化软件作为操作平台，具备危险分析、信息报告、综合研判、辅助决策等功能，能自动生成数字化灭火预案的综合性平台。

数字化灭火救援预案平台能解决预案信息量较少、查阅不方便、信息不直观的问题，可以用于火灾现场指挥，提供辅助决策依据并进行演练。

数字化灭火救援预案平台具备必要的基本情况显示、灾害特点提示、图文信息采集、辅助决策计算等功能，能实现图 5-9 所示的功能。

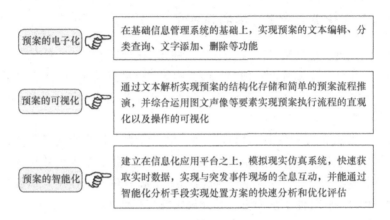

预案的电子化 ☞	在基础信息管理系统的基础上，实现预案的文本编辑、分类查询、文字添加、删除等功能
预案的可视化 ☞	通过文本解析实现预案的结构化存储和简单的预案流程推演，并综合运用图文声像等要素实现预案执行流程的直观化以及操作的可视化
预案的智能化 ☞	建立在信息化应用平台之上，模拟现实仿真系统，快速获取实时数据，实现与突发事件现场的全息互动，并能通过智能化分析手段实现处置方案的快速分析和优化评估

图5-9 数字化灭火救援预案平台应实现的功能

5.3.2 数字化灭火救援预案平台的设计

5.3.2.1 预案平台的整体设计

数字化灭火救援预案平台包括预案系统、展现平台以及数据库系统三大部分。其中，预案系统中的核心在于预案库的功能，设计包括预案应用、预案表现和四大模块 3 个部分，具体的功能为基础信息、火情设置及处理、制作与维护，预案的核心环节是火情设计及处理部分。

（1）预案系统

对于具体的火灾现场而言，其相关单位的信息包括建筑布局、消防车道以及消防设施等，范围信息既要包括现场信息，又要包括周边的信息。除此还要包括消防救援力量的具体信息。

火情设计及处理部分的主要功能是进一步分析和评估火灾情况，旨在得到不同阶段对应的火灾救助决策与方案。预案中需明确以下基本功能，分别是火灾评估、现场警戒、进攻方案以及消防用水方案等，目的是辅助消防人员有效灭火。

预案制作与维护是消防灭火系统与数字化融合的重要窗口，即在数字化信息工具的支持下，设计人员完成预案制作、数据维护和工具模块的设计。预案制作环节要包含对各方力量的设定，明确不同注意事项下的解决方案。数据维护的设计主要是为了应对多变的信息情况，以便系统得到及时的修改和完善。工具模块内设计了一些通用的工具，其主要依据的技术手段是二维地图和三维可视化技术。

（2）展现平台

展现平台主要包括 GIS 平台和 3D 平台两部分：GIS 平台依据强大的 GIS 技术，获取与分析各种图层，从而得到较为准确的二维地图环境，包括路径选择和各种救援设备的构成等情况，并能进行基于 GIS 环境下的消防人员的部署；3D 平台则以 3D 可视化技术为导向，设置 3D 场景，展示设定路径的可行性，并对其做出适应性的评估与调整。

（3）数据库系统

数据库系统包括 GIS 数据库、三维模型数据库、预案数据库、消防专题数据库和其他信息数据库等，内容上表现出了高度的统一与集成，是作战的主要支持系统。

5.3.2.2 系统技术架构的设计

数字化灭火救援预案系统又可以被命名为三维地理信息系统，其在技术架构的设计过程中除了依赖强大的网络平台和数字技术，还为用户设定了个性化的空间，即用户可以根据自身的业务需求，设计出适应性较强的虚拟现实三维可视化场景，将系统内涉及的应用程序接口统一开放，从而保证三维地理信息系统的个性化和功能适应性。

5.3.2.3 系统功能架构的设计

系统的主要功能可以表述为一个分级机构，即整体系统上可以分为三级子系统：第一级子系统包括角色权限管理、预案管理、电子文档管理和信息管理等功能；第二级子系统包括用户角色、角色权限、账户管理、预案需求、预案制作、预案

提交以及相关文档管理等功能；第三级子系统包括建筑基本情况、周边情况、内部和外部情况等功能。

消防预案的生成流程如图 5-10 所示。

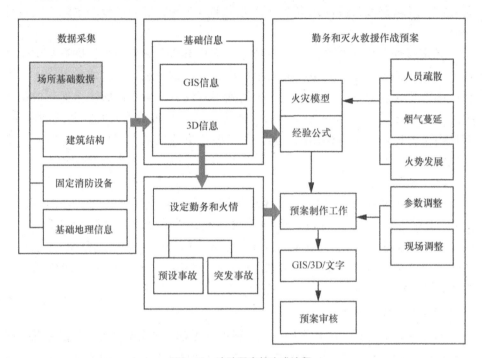

图5-10 消防预案的生成流程

5.3.3 数字化灭火救援预案平台的实现

数字化灭火救援预案平台在实现过程中要注意以下 3 点。

（1）迅速准确提供决策所需的基础信息

决策所需的基础信息主要有灾情信息和救援资源信息两类。灾情信息主要依靠事件发生后的报送才能获得，救援资源信息主要从救援资源的统计管理结果中获取，两者相结合才能帮助指挥人员做出正确的决策。

（2）各类数据与地理位置相结合的图形展示

以上两类信息被提供给决策者使用时通常要考虑地理位置，不同地理区域的受灾情况、救援资源的分布情况通常都需要结合地理信息系统，进行有关分析并在地图上展示分析结果。

（3）考虑多种通信方式

数字化灭火救援预案平台需要在不同级别的应急指挥机构之间传递大量的信息，当然最理想的方式是在因特网或政府内网的环境下运行，但是如果灾害非常严重，网络环境受到破坏，那么就必须考虑其他的通信方式，例如卫星通信、广播等。

第6章

智慧消防应急指挥系统

　　当前的灾害现场缺乏有效的技术手段来满足现场指挥人员对全面掌握灾害信息、辅助决策支持和作战发布手段等的需求，同时指挥中心与现场指挥人员之间的交流通过多种且分散的渠道进行，未形成统一的接口。智慧消防应急指挥系统可以将已部署的灭火救援系统向移动终端延伸，为指挥人员、作战人员提供操作简单、方便快捷、信息丰富、技术可靠的现场移动作战指挥信息支撑系统，实现消防人员的指挥与协作一体化。

6.1 消防指挥中心的信息化建设

6.1.1 消防指挥中心信息化建设的基本特征

消防指挥中心信息化系统作为新型的勤务实战运作机制，具有统一的指挥调度、快速的反应速度、高效的信息处理、灵敏的数网化监控、有力的协调处置等特点，这些特点既体现了其作用，也反映了其建设的基本特征。

6.1.1.1 指挥作战的中心地位

消防指挥中心集报警服务、力量调集、作战指挥、信息综合、决策参谋等功能于一身，充分融合各种科技和信息资源，有明确的职责权限。

6.1.1.2 信息收集的主要渠道

信息是指挥的基本要素，是决策的基础和依据。信息收集是一项不断适应实际环境需要的工作。消防指挥中心从消防队伍内外广泛获取信息，通过对数据进行采编、分析，使之最终服务于消防实践。

6.1.1.3 快速反应的核心

快速反应是消防指挥中心战斗力的体现，也是消防指挥中心的优势所在。消防指挥中心应根据接警信息，迅速判断警情，果断下达相关命令，加强第一出动力量的调集，尤其要加强责任区中队首战力量的调集以及特勤力量的调集。消防队伍要想在灭火救援中掌握主动，避免被动，必须具有较高的反应能力，恰当处置随时可能出现的各种复杂情况，判断准确，处置果断，掌握战场的主动权。

6.1.1.4 科技强警的用武之地

当前，面对成因复杂的灾害事故，消防队伍若要快速反应、处置果断，没有强有力的现代科技手段作为支撑是难以应对的，这就要求消防指挥中心必须充分利用现代信息技术来推动指挥工作改革，拓展指挥工作职能，提升指挥工作的作用和效能。充分应用信息网络技术，构建资源共享的信息和指挥平台，是当前指挥中心信息化建设的一项重要工作。

6.1.2　加强消防指挥中心信息化建设的对策

消防指挥中心要充分运用计算机网络技术、信息通信技术、数据整合技术、地理信息技术、GPS 技术和视频监控技术，逐步建立适应消防队伍发展的现代化指挥作战综合信息平台，实现指挥中心各系统的高度集成、高效融合及各类信息的精确显示、高度共享，为指挥人员提供翔实、客观、实时、准确的决策信息，从而提升消防队伍的指挥调度能力和快速反应能力。

6.1.2.1　硬件方面的提升

硬件方面的提升包括消防指挥中心的各种系统设备的更新以及操作技术的提高等。消防指挥中心应建设容纳多种信息服务的操作平台，将视频、音频等多种数据有效地融合在一起，从而为消防工作提供更准确的火灾现场信息。另外，消防指挥中心要搭建信息化的消防指挥网络，依靠高科技的集成硬件，实现资源共享和综合指挥控制。消防指挥中心要实现预案网络化、调度集成化、行动科技化、指挥扁平化，从而提高消防部门的灭火作战能力。

6.1.2.2　软件方面的提升

软件方面的提升包括消防人员思想认识的提高以及消防部门实战效率的提高等。消防指挥中心作为各类火灾救援处理的部门，应实现统一规划、统一建设和统一管理，利用现代化技术，建立指挥高效、信息可靠、反应快速的消防信息指挥系统，及时、准确、有效地处理火灾事故。另外，消防人员的素质及责任心对于消防工作的正常开展起到关键性的作用。消防人员作为处理紧急安全事故的人员，应具备责任心强、工作效率高、身体及思维反应敏捷、遇事沉着冷静、身体素质好等良好的品质及条件，而这些品质及条件都需要国家消防部门与相关院校的教育及培训。

6.1.2.3　提高思想认识

消防指挥中心的信息化建设是实施科技强警战略的重要组成部分。

（1）提高对指挥中心作用的认识

消防指挥中心的建设要实行统一规划、统一建设、统一管理的制度。消防指挥中心的建设不但要起到预警的作用，而且能使消防指挥中心在第一时间掌握全市消防力量的动态，为迅速调集救灾力量提供有力的依据，克服救灾力量调集的盲目性和被动性，从而大大提高消防队伍的反应能力。

（2）提高对指挥中心职责的认识

消防指挥中心作为服务窗口，直接受理群众报警，最大限度地发挥为人民群众服务的职责；作为灭火救援的指挥中心，承担着集中处理灾害事故信息、实施统一的指挥调度和快速处置、下达作战命令、辅助上级指挥作战的职责；作为情况信息主渠道，承担着及时、准确、全面地向有关领导、上级机关和本单位领导报告各类重大情况和信息的职责；作为对外联系的窗口，积极配合有关部门开展社会联动。

（3）提高对消防指挥中心优先发展的认识

消防指挥中心作为现代警务的重要组成部分，要积极稳妥地进行指挥机制的改革，加强工作制度的建设，规范工作运行机制，加强科技装备，配齐人员，提高信息处理能力、指挥协调能力、辅助领导决策能力和服务群众能力，逐步发展成为消防队伍的指挥中心、信息中心、协作中心和决策服务中心，成为消防队伍的标志性部门。

6.1.2.4　明确建设目标

消防指挥中心应以信息技术和指挥技术为主导，进行全系统信息资源的汇总整合、分析处理、决策运用、综合服务，实现信息共享和综合利用，并结合地理信息系统等技术平台建立先进实用、统一指挥、反应快速、协调有序、运转高效的现代消防指挥和服务体系，使指挥中心各系统功能的完善、性能稳定、安全保密，满足指挥中心作为信息枢纽的日常办公和处置重大灾害事故的职能需要，努力使指挥中心成为拥有高度统一的指挥体系和信息服务的操作平台，形成依托于科技支撑的指挥网络。

（1）建设完善的信息服务系统

消防指挥中心应建设完善的"三台合一"接处警系统，以保障设备系统安全、稳定、高效的运转。"三台合一"接处警系统建设的目标如图6-1所示。

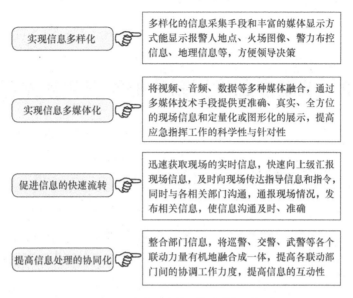

图6-1 "三台合一"接处警系统建设的目标

（2）形成依托科技支撑的指挥网络

随着消防三级网络的逐步建成，为保障各级网络的畅通运行，消防指挥中心迫切需要对各业务系统进行数据整合和应用集成。消防指挥中心的信息化建设必须建立以地理信息系统为基础的操作平台，依托高效的硬件集成，实现资源共享和综合指挥控制，满足指挥中心管理、执法监督、灭火救援作战指挥等业务的工作需要；还要建设具备图像、语音和数据等多媒体信息综合处理、案例分析、态势推演和提供预案等功能的可视化指挥控制系统。

（3）将指挥中心打造成高度统一的指挥平台

消防指挥中心的建设要与消防队伍管理、办公自动化、电视电话会议及其他业务系统相结合，实现以下综合优势和效能：

① 及时更新以地理信息系统为空间信息载体并且业务信息能可视化展示的综合控制系统，具备灭火救援指挥作战需要的硬件和软件基础条件；

② 对视频、音频和数据等各类信息进行自动化处理，根据消防队伍管理、执法监督、灭火救援作战指挥等实际需要进行统计分析、汇总和可视化展示；

③ 建立健全 GPS，完善移动指挥作战系统；

④ 为整合和统一指挥救援力量，扩展成为全省消防指挥中心做准备，逐步建设统一、快速、高效及权威的指挥系统，努力形成上下一致、横向一体的各级指挥中心体系。

6.2 消防应急指挥系统的类型和整体架构

6.2.1 消防应急指挥系统的类型

消防应急指挥系统按功能可分为应急管理部消防救援局消防应急指挥系统、省（自治区、直辖市）消防应急指挥系统、地区（州）消防应急指挥系统和城市消防应急指挥系统，具体如图 6-2 所示。

应急管理部消防救援局消防应急指挥系统	覆盖全国消防责任辖区，连通应急管理部消防救援局通信指挥中心、省（自治区、直辖市）消防通信指挥中心及有关灭火救援单位，能与原公安部指挥中心、公共安全应急机构的系统互联互通，具有全国调度指挥、现场指挥、指挥信息支持等功能
省（自治区、直辖市）消防应急指挥系统	覆盖全省消防责任辖区，连通省（自治区、直辖市）消防通信指挥中心、辖区消防通信指挥中心及有关灭火救援单位，能与省（自治区、直辖市）公安机关指挥中心、公共安全应急机构的系统互联互通，具有全省（自治区、直辖市）调度指挥、现场指挥、指挥信息支持等功能
地区（州）消防应急指挥系统	覆盖全地区（州）消防责任辖区，连通地区（州）消防通信指挥中心、辖区消防通信指挥中心、地区（州）移动消防指挥中心及灭火救援有关单位，能与地区（州）公安机关指挥中心、公共安全应急机构的系统互联互通，具有全地区（州）调度指挥、现场指挥、指挥信息支持等功能
城市消防应急指挥系统	覆盖全市消防责任辖区，连通城市消防应急指挥中心、消防站、城市移动消防指挥中心及灭火救援有关单位，能与城市公安机关指挥中心、公共安全应急机构的系统互联互通，具有受理责任辖区火灾及其他灾害事故报警、调度指挥、现场指挥、指挥信息支持等功能

图6-2 消防应急指挥系统的类型

6.2.2　消防应急指挥系统的整体架构

消防应急指挥系统由通信指挥业务、信息支撑、基础通信网络三部分组成，共 13 个子系统，具体如图 6-3 所示。

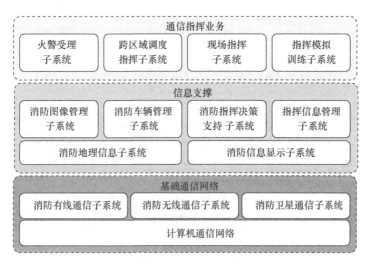

图6-3　消防应急指挥系统的整体架构

为了适应灭火救援指挥的现实工作需要，应急管理部消防救援局、省（自治区、直辖市）、地区（州）消防应急指挥中心应设置跨区域灭火救援调度指挥子系统，负责重、特大火灾及灾害事故跨区域灭火救援的调度指挥。

6.3　消防应急指挥系统的功能及主要性能要求

6.3.1　基本功能

消防应急指挥系统的基本功能如图 6-4 所示。

1	责任辖区和跨区域灭火救援的调度指挥
2	火场及其他灾害事故现场的指挥通信
3	信息管理
4	业务模拟训练
5	集中接收和处理责任辖区的火灾及以抢救人员生命为主的危险化学品泄漏、道路交通事故、地震及其次生灾害、建筑坍塌、重大安全生产事故、空难、爆炸及恐怖事件和群众遇险事件等灾害事故的报警

图6-4 消防应急指挥系统的基本功能

6.3.2 系统接口

消防应急指挥系统应具有以下通信接口:
① 消防应急指挥中心的系统通信接口;
② 政府相关部门的系统通信接口;
③ 灭火救援有关单位的通信接口;
④ 公网移动无线数据通信接口。
消防应急指挥系统应具有以下接收报警的通信接口:
① 公网报警电话通信接口;
② 消防远程监控系统等专网报警通信接口;
③ 固定报警电话装机地址和移动报警电话定位地址数据传输接口。

6.3.3 主要性能

消防应急指挥系统的主要性能应符合图 6-5 所示的要求。

图6-5 消防应急指挥系统的主要性能

6.3.4 系统安全

消防应急指挥系统的安全包括物理安全、信息安全和运行安全，具体要求见表 6-1。

表6-1 消防应急指挥系统的安全要求

序号	安全事项	要求
1	物理安全	① 系统设备运行环境具备防雷、防火、防静电、防尘、防腐蚀等条件； ② 能提供稳定的供电环境； ③ 符合国家现行有关电磁兼容技术的标准
2	信息安全	① 分级设置操作权限； ② 设置防火墙等安全隔离系统； ③ 安装防病毒软件，并定期升级； ④ 具有计算机终端漏洞扫描、修补和系统补丁升级、分发功能； ⑤ 对信息数据进行备份和恢复

（续表）

序号	安全事项	要求
3	运行安全	① 可对重要设备或重要设备的核心部件进行备份； ② 指挥通信网络应相对独立、常年畅通； ③ 能实时监控系统的运行情况，并可实现故障告警； ④ 系统软件不能正常运行时，能保证电话接警和调度指挥畅通； ⑤ 火警电话呼入线路或设备出现故障时，能切换到火警应急接警电话线路或设备接警； ⑥ 火警调度电话专用线路或设备出现故障时，能利用其他有线、无线通信方式进行调度指挥

6.4 消防应急指挥系统的子系统的功能及其设计要求

6.4.1 火警受理子系统

（1）火警受理子系统的工作流程

火警受理子系统的基本工作流程如图 6-6 所示。

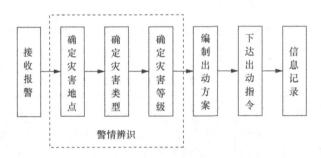

图6-6 火警受理子系统的基本工作流程

火警受理子系统的基本工作流程说明如下：

① 公用或专用报警通信网接收火灾及其他灾害事故报警；

② 辨别火警真伪，定位火灾及其他灾害事故地点，确定火灾及其他灾害事故的类型和等级；

③ 自动或人工编制灭火救援力量出动方案；

④ 将出动指令下达到消防站，向灭火救援有关单位发出灾情通报和联合作战要求；

⑤ 建立火灾及其他灾害事故档案，并生成报表。

（2）火警受理子系统的功能及其要求

火警受理子系统的功能及其要求见表6-2。

表6-2　火警受理子系统的功能及其要求

序号	功能	要求
1	接收报警	① 能接收公网固定或移动电话报警； ② 能接收城市消防远程监控系统等设备的报警； ③ 能接收其他专网电话报警； ④ 可接收公网发送的短信或彩信报警
2	警情辨识	① 能接收并显示固定报警电话的主叫号码、用户名称、装机地址； ② 能接收并显示移动报警电话的主叫号码、定位地址； ③ 通过报警电话装机地址或定位地址能快速定位火场及其他灾害事故的现场； ④ 通过输入单位名称、地址、街道、目标物、电话号码等能快速定位火场及其他灾害事故的现场； ⑤ 能判断误报警或假报警； ⑥ 对于重复报警可给予提示，确认后可合并到同一事件中处理； ⑦ 能确定火灾及其他灾害事故的类型； ⑧ 能确定火灾及其他灾害事故的等级
3	编制出动方案	① 能检索相应的火灾及其他灾害事故的出动方案，并可进行编辑调整； ② 能根据消防实力及各种加权因素、升级要素等编制等级出动方案； ③ 能人工编制随机出动方案； ④ 能提供辖区消防站和消防车辆的位置信息，能显示消防车辆的待命、出动、到场、执勤、检修等状态，能按消防站序号、距现场的距离、车辆类型等对相关消防车辆排序，供编制出动方案时快速选择
4	下达出动指令	① 能以语音、数据形式将出动指令下达到消防站； ② 能对消防站警灯、警铃、火警广播、车库门等的联动控制装置发出控制指令； ③ 能向供水、供电、供气、医疗、救护、交通、环卫等灭火救援有关单位发送灾情通报和联合作战要求

（续表）

序号	功能	要求
5	信息记录	事故档案管理：能建立每起火灾及其他灾害事故的档案，实时记录火警受理全过程的文字、语音、图像等信息，并生成有关的统计报表
		全过程的录音： ① 应能自动识别有线电话、无线电台的通话状态，启动录音和结束录音； ② 录音路数不应少于同时并行的通话路数； ③ 录音记录应与接处警的记录相关联； ④ 可在授权终端选择回放录音，并能进行数据转储和备份； ⑤ 录音文件的保存不应少于6个月，记录的原始信息不能被修改； ⑥ 能显示录音通道的状态和存储介质的剩余容量，当记录信息超过设定的存储容量的阈值时，应给出提示信息

（3）火警受理终端

火警受理终端需达到的要求见表6-3。

表6-3　火警受理终端需达到的要求

基本要求	工作界面要求
① 设置在消防应急指挥中心的火警受理终端应与设置在城市消防应急指挥中心的跨区域调度指挥终端互连，保持与接警处的数据同步及信息共享； ② 火警受理终端的设置数量不应少于两套； ③ 日接警量大的城市，可将火警受理终端分为接警和处警两个终端，接警和处理分别进行； ④ 每套火警受理终端的坐席可设置多个显示屏，并能分别显示相应的工作界面； ⑤ 火警受理终端的坐席之间能转移警情，多个终端可协同处警； ⑥ 具有明显的火警电话呼入信号提示	① 应具有接警和调度电话、无线电台操作窗口； ② 应具有录音和回放操作窗口； ③ 应具有火灾及其他灾害事故编号、报警时间、报警主叫号码、报警人姓名、报警地址等信息的录入窗口； ④ 应具有火场及其他灾害事故现场的单位名称、地址及责任消防站的录入窗口； ⑤ 应具有火灾及其他灾害事故的具体情况的录入窗口； ⑥ 应具有火灾及其他灾害事故的类型选择的录入窗口； ⑦ 应具有火灾及其他灾害事故的等级选择的录入窗口； ⑧ 应具有编制出动方案和下达出动指令操作的窗口； ⑨ 应具有消防车辆属地、类型、状态显示的窗口； ⑩ 应具有火灾及其他灾害事故的事件列表和处理状态显示的窗口； ⑪ 应具有日期、时钟和气象信息显示的窗口； ⑫ 应具有消防地理信息显示的窗口； ⑬ 应具有消防指挥决策支持功能操作的窗口； ⑭ 应具有火警受理信息记录管理操作的窗口； ⑮ 应具有上岗、离岗等值班管理操作的窗口

（4）消防站火警终端

消防站火警终端应符合下列要求。

① 应设置消防站火警终端。

② 能以语音和图文形式接收出动指令，并打印出车单。

③ 能自动或手动启动警灯、警铃、火警广播、车库门等的联动控制装置。

④ 能录入或更新本站的消防实力、灭火救援装备器材、灭火剂等消防资源的数据。

⑤ 能检索查询以下信息：

a. 火灾及其他灾害事故类信息，包括接收的报警情况、火灾及其他灾害事故的类型、火灾及其他灾害事故等级等信息；

b. 消防资源类信息，包括消防实力、消防车辆状态、灭火救援装备器材、消防水源、灭火剂、灭火救援有关单位、灭火救援专家、战勤保障等信息；

c. 消防指挥决策支持类信息，包括消防安全重点单位、危险化学品、各类火灾与灾害事故特性、灭火救援技战术以及气象等信息；

d. 灭火救援行动类信息，包括各类灭火救援预案信息、力量调度和灭火救援行动情况等信息；

e. 灭火救援记录和统计类信息，包括接警处警录音信息、灭火救援作战记录信息、灭火救援统计信息等。

⑥ 录音的功能应符合火警受理全过程对录音的要求。

6.4.2 跨区域调度指挥子系统

（1）跨区域调度指挥子系统的基本工作流程

跨区域调度指挥子系统的基本工作流程如图 6-7 所示，同时应符合下列要求：

① 接收下级消防应急指挥中心和现场报告的灾情信息，接收上级消防应急指挥中心、公安机关指挥中心和政府相关部门发送的灾情通报和力量调度指令；

② 判断火灾及其他灾害事故的类型、等级和发展趋势；

③ 按预案、等级调度方案、随机调度方案调度消防力量；

④ 依据决策支持信息，综合分析制订灭火救援方案，并实施指挥；

⑤ 实时记录调度指挥全过程的文字、语音、图像等信息。

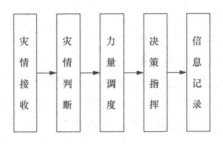

图6-7　跨区域调度指挥子系统的基本工作流程

（2）跨区域调度指挥子系统的功能及其要求

跨区域调度指挥子系统的功能及其要求见表6-4。

表6-4　跨区域调度指挥子系统的功能及其要求

序号	功能	要求
1	灾情接收	① 接收下级应急指挥中心和本级现场指挥子系统报送的火灾及其他灾害事故、出动力量和处置情况等相关信息； ② 接收上级消防应急指挥中心和政府相关部门发送的灾情通报和出动力量调度指令
2	灾情判断	① 检索火灾及其他灾害事故类型和等级数据库； ② 对接收的灾情做出类型、等级及发展趋势的判断
3	力量调度	① 依据消防安全重点单位的预案、火灾及其他灾害事故等级、消防实力数据库，随机编制消防力量的调度方案； ② 以语音、数据及指挥视频形式下达跨区域调度命令； ③ 向医疗、救护、交通、安监等灭火救援有关单位发出灾情通报和联合作战的要求
4	决策指挥	① 依据消防安全重点单位的预案、决策支持数据库，随机编制灭火救援的作战方案； ② 以语音、数据及指挥视频形式下达跨区域作战指挥命令
5	信息记录	实时记录调度指挥全过程的文字、语音、图像等信息，并自动存入相应的火灾及其他灾害事故档案中，生成有关的统计报表

（3）跨区域调度指挥终端

跨区域调度指挥终端应具有下列工作界面：

① 消防力量调度电话、无线电台操作的窗口；

② 录音和回放操作的窗口；

③ 火灾及其他灾害事故信息、出动力量和处置情况显示的窗口；

④ 灾情判断信息显示的窗口；

⑤ 上级消防应急指挥中心和政府相关部门传输的灾情通报和力量调度指令显示的窗口；

⑥ 编制和下达力量调度方案操作的窗口；

⑦ 指挥决策支持信息显示的窗口；

⑧ 编制灭火救援作战方案和下达跨区域作战指挥命令操作的窗口；

⑨ 调度指挥信息记录管理显示的窗口。

6.4.3　现场指挥子系统

（1）现场指挥子系统的基本工作流程

现场指挥子系统的基本工作流程如图6-8所示，并应符合下列要求：

① 接收有关火灾及灾害事故情况通报和现场灭火救援行动指令；

② 采集火灾及灾害事故数据、现场环境信息、现场灭火救援力量装备等信息；

③ 制订现场灭火救援行动方案，下达灭火救援行动命令；

④ 将火灾及灾害事故态势、现场环境、现场灭火救援行动等信息报送给消防应急指挥中心；

⑤ 实时记录现场灭火救援全过程的文字、语音和图像等信息。

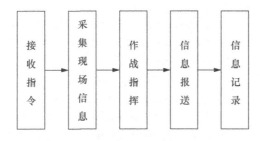

图6-8　现场指挥子系统的基本工作流程

（2）现场指挥子系统的基本功能及其要求

现场指挥子系统的基本功能及其要求见表6-5。

表6-5 现场指挥子系统的基本功能及其要求

序号	功能	要求
1	接收指令	① 接收消防应急指挥中心的灾情通报和灭火救援行动指令; ② 接收消防应急指挥中心、政府相关部门的灾情通报和灭火救援行动指令
2	采集现场信息	① 火灾及其他灾害事故的态势信息; ② 到达现场的消防车辆、人员、灭火救援装备器材、灭火剂等信息; ③ 现场气象、道路、消防水源、建筑物等信息; ④ 现场实况图像信息
3	作战指挥	① 判断灾情类型、等级及发展趋势; ② 依据消防安全重点单位的预案、决策支持数据库,随机编制灭火救援作战方案; ③ 以语音、数据及指挥视频等形式下达灭火救援行动命令
4	信息报送	① 火场及其他灾害事故的现场态势信息; ② 现场气象、道路、消防水源、建筑物等信息; ③ 现场灭火救援行动信息; ④ 现场实况图像信息
5	信息记录	实时记录现场应急指挥全过程的文字、语音、图像等信息,并将其存入相应的火灾及其他灾害事故档案中,并生成有关的统计报表
6	全过程录音	应符合全过程录音的规定
7	现场通信组网	① 通过外接电话接口或卫星通信线路,在现场开通市话; ② 通过车载电话交换机和有线电话通信线路,开通现场指挥通信网络; ③ 接入多种通信系统或设备,并进行不同通信网络的语音、数据交换; ④ 通过图像传输设备传输现场实况图像; ⑤ 具有现场指挥广播扩音功能; ⑥ 现场无线通信组网功能应符合"消防无线通信子系统"的要求; ⑦ 卫星通信组网功能应符合"消防卫星通信子系统"的要求
8	图像信息应用	① 能接入消防应急指挥中心的消防图像监控信息; ② 可实现召开现场音视频指挥会议,以及政府相关部门召开的音视频会议; ③ 具有现场图像预显、存储、检索、回放等功能

（续表）

序号	功能	要求
9	现场通信控制	① 显示呼入电话号码； ② 可进行电话呼叫、应答、转接； ③ 显示无线通信信道的收发状态及使用单位、工作频率等属性，还可显示无线电台用户的通话状态及身份码，具有无线通信信道保护及多种控制方式； ④ 可进行无线电台用户的呼叫、应答、转接，重点用户的呼叫有明显的声光指示； ⑤ 可进行有线、无线会议式指挥通话，具有指挥预案编辑及频率配置等功能； ⑥ 可进行卫星通信线路的建立和撤收； ⑦ 可进行现场图文信息的切换显示； ⑧ 可进行交互式多媒体作战会议操作； ⑨ 具有撤退、遇险等紧急呼叫信号的发送功能； ⑩ 能进行现场指挥广播扩音操作； ⑪ 可对各种电气设备进行集中控制和监测

（3）现场指挥终端

现场指挥终端应具有下列工作界面：

①"表6-5 现场指挥子系统基本功能及要求"规定中涉及的信息显示和功能操作的窗口；

② 消防地理信息显示的窗口；

③ 各种电气设备控制操作和状态监测显示的窗口。

（4）便携式消防作战指挥平台

便携式消防作战指挥平台应符合下列要求：

① 具有位置定位、导航功能；

② 具有现场消防地理信息显示的窗口；

③ 具有消防指挥决策支持功能操作的窗口；

④ 具有现场作战指挥信息录入的窗口，录入的信息不可更改；

⑤ 具有一键快速进入火灾扑救、抢险救援、信息查询功能的窗口；

⑥ 能基于现场消防地理信息、消防水源和灭火救援预案等信息，可进行灭火救援作战部署标绘、灾害临机处置方案编制；

⑦ 具有灭火救援数据关联、信息查询、语音提示功能；

⑧ 能与移动消防指挥中心实时传输数据；

⑨ 具有测风、测温度、测距离、望远、夜视、扩音、警示等功能。

6.4.4 指挥模拟训练子系统

指挥模拟训练子系统的基本功能及其要求见表6-6。

表6-6 指挥模拟训练子系统的基本功能及其要求

序号	功能	要求
1	模拟训练	① 根据灭火救援预案进行三维动态仿真演练； ② 模拟特大火灾及灾害事故跨区域作战、多层次现场指挥； ③ 依据灭火救援指挥评价体系，三维动态仿真评估指挥效果
2	虚拟仿真	① 建立火灾及灾害事故、灭火救援车辆、人员、装备器材、场景等三维动态模型； ② 将灭火救援二维文字预案转换为三维动态的数字化预案； ③ 依据灭火救援指挥方案，编辑、设计三维动态的灭火救援指挥数字化预案

6.4.5 消防图像管理子系统

消防图像管理子系统应具备的功能如图6-9所示。

1	接入现场指挥子系统采集的火场及其他灾害事故现场的实况图像信息
2	接收在城市消防重点区域、消防重点建筑物、消防重点部位设置的消防监控图像信息采集点采集的实况图像信息
3	与公安图像监控系统联网，获取重点区域、重点部位、重点道路的图像信息
4	接收在辖区消防站设置的远程监控图像信息采集点采集的执勤备战、接警和火警出动等实况图像信息
5	接收消防车辆实时上传的实况图像信息
6	接入消防指挥音视频会议，并能参加公安机关、政府相关部门召开的音视频会议
7	集中管理和按权限调配、控制各类图像信息资源
8	存储、检索、回放各类图像信息

图6-9 消防图像管理子系统应具备的功能

6.4.6 消防车辆管理子系统

（1）消防车辆管理子系统的功能及其要求

消防车辆管理子系统的功能及其要求见表6-7。

表6-7 消防车辆管理子系统的功能及其要求

序号	功能	说明
1	车辆监控	① 接收并显示车载终端发送的消防车辆位置、运行（速度、行驶方向）、底盘、车载器材、音视频、大气环境等实时状态信息； ② 显示消防车辆的动态轨迹，并具有历史轨迹回放功能； ③ 具有分级、分区域和特定消防车辆监控管理功能
2	灭火救援信息传输	① 接收并显示车载终端发送的待命、出动、途中、到场、出水、运水、停水、返队、执勤、检修等作战状态信息； ② 向车载终端发送出动指令、行进目的地、行车路线信息； ③ 向车载终端发送与灭火救援有关的简要文字信息，并能群发； ④ 接收并显示车载终端发送的与灭火救援有关的简要文字信息

（2）消防车辆管理子系统的车载终端

消防车辆管理子系统的车载终端应符合下列要求：

① 定位本车的位置；

② 将本车位置、运行、底盘、车载器材、音视频、大气环境等信息实时发送给消防应急指挥中心；

③ 将本车待命、出动、途中、到场、出水、运水、停水、返队、执勤、检修等作战状态信息实时发送给消防应急指挥中心；

④ 接收、显示或语音播报消防应急指挥中心发送的出动指令、行进目的地、行车路线信息；

⑤ 接收、显示或语音播报消防应急指挥中心发送的与灭火救援有关的简要信息；

⑥ 向消防应急指挥中心发送与灭火救援有关的简要文字信息；

⑦ 查询显示常用目的地、重点目标以及水源分布等地理信息；

⑧ 人工设定或接收消防应急指挥中心发送的行车目的地信息；

⑨ 自动生成行车路线，显示行车距离和时间；

⑩ 具有语音提示引导车辆行进的功能；

⑪ 偏离导航路线时能自动重新计算行进的路线。

（3）消防车辆管理子系统的性能

消防车辆管理子系统的性能应符合下列要求：

① 消防车辆定位允许水平偏差为 ±15m；

② 车载终端系统的启动时间不长于 90s；

③ 车载终端定位功能的启动时间不长于 180s；

④ 同时监控不少于两个灭火救援现场。

6.4.7　消防指挥决策支持子系统

消防指挥决策支持子系统的功能及其要求见表6-8。

表6-8　消防指挥决策支持子系统的功能及其要求

序号	功能	说明
1	检索查询信息	消防指挥决策支持子系统应能检索以下信息： ① 火灾及其他灾害事故类信息，包括报警情况、火灾及其他灾害事故类型、火灾及其他灾害事故等级等信息； ② 消防资源类信息，包括消防实力、消防车辆状态、灭火救援装备器材、消防水源、灭火剂、灭火救援有关单位、灭火救援专家、战勤保障等信息； ③ 消防指挥决策支持类信息，包括消防安全重点单位、危险化学品、各类火灾与灾害事故特性、灭火救援技战术以及气象等信息； ④ 灭火救援行动类信息，包括各类灭火救援预案信息、力量调度和灭火救援行动情况等信息； ⑤ 灭火救援记录和统计类信息，包括接警处录音信息、灭火救援作战记录信息、灭火救援统计信息等
2	预案管理	① 提供制作模板，编制辖区或跨区域各类灭火救援预案，建立预案库； ② 根据灾害事故类型、等级等输入条件，查找相应的预案； ③ 在一个预案的基础上做编辑修改，形成新的预案； ④ 按预案制作归属或访问控制权限，提供预案的增加、修改、删除等功能； ⑤ 具有预案下载、打印等输出功能

（续表）

序号	功能	说明
3	辅助决策	① 采集、录入火灾及其他灾害事故数据和现场环境信息； ② 应用灭火救援模型、专家知识、典型案例等评估火灾及其他灾害事故的发展趋势和后果； ③ 提供相应的火灾及其他灾害事故的处置对策； ④ 统计计算现场需要的消防车辆、灭火救援装备器材、灭火剂； ⑤ 提供现场消防车辆、灭火救援装备器材、灭火剂的差额增补方案； ⑥ 编制火灾及其他灾害事故处置方案，方案内容包括文字、态势图、表格等要素； ⑦ 标绘火灾及其他灾害事故的影响范围及趋势、灭火救援态势、灾害临时处置方案、灭火救援作战部署等； ⑧ 具有灾害处置方案的推演和编辑修订功能

6.4.8 指挥信息管理子系统

指挥信息管理子系统的信息管理功能应符合下列要求：

① 录入、编辑、更新表 6-9 所示的信息；

表6-9 指挥信息管理子系统的信息类别及内容

序号	信息类别	信息的内容
1	火灾及其他灾害事故类信息	① 接收报警情况； ② 火灾及其他灾害事故类型； ③ 火灾及其他灾害事故等级
2	消防资源类信息	① 消防实力； ② 消防车辆状态； ③ 灭火救援装备器材； ④ 消防水源； ⑤ 灭火剂； ⑥ 灭火救援有关单位； ⑦ 灭火救援专家； ⑧ 战勤保障信息
3	消防指挥决策支持类信息	① 消防安全重点单位； ② 危险化学品； ③ 各类火灾与灾害事故特性； ④ 灭火救援技战术； ⑤ 气象

（续表）

序号	信息类别	信息的内容
4	灭火救援行动类信息	① 各类灭火救援预案信息和消防力量调度信息； ② 灭火救援行动情况
5	灭火救援记录和统计类信息	① 接警处录音信息； ② 灭火救援作战记录信息； ③ 灭火救援统计信息

② 分类汇总、归档存储各类信息；

③ 与消防应急指挥中心、政府相关部门的相关业务信息进行交互、共享；

④ 在消防基础数据平台的层面上与消防监督、消防队伍管理、社会公众服务等业务信息系统的相关信息进行交互、共享；

⑤ 实现不同数据库管理系统之间的数据移植、转换、关联、整合；

⑥ 根据应用需求对各类信息进行检索查询、统计分析，并能以图表方式展现；

⑦ 根据应用需求对重要、敏感的信息施行关联、跟踪和预警；

⑧ 通过信息网络发布各类信息及其统计分析结果；

⑨ 备份和恢复数据；

⑩ 具有用户管理、权限管理、版本管理等功能。

指挥信息管理子系统的信息分类与编码、数据结构、信息交换标准等应符合国家现行有关标准的规定。

6.4.9 消防地理信息子系统

消防地理信息子系统应具备的功能如图6-10所示。

图6-10 消防地理信息子系统应具备的功能

（1）与相关系统关联应用

消防地理信息子系统与相关系统关联应用的功能见表 6-10。

表6-10　消防地理信息子系统与相关系统关联应用的功能

序号	相关系统	关联应用
1	火警受理子系统	能与火警受理子系统关联应用，并显示下列内容： ① 定位显示固定报警电话和移动报警电话的地理位置； ② 定位显示火灾及其他灾害事故现场的地理位置； ③ 显示火灾及其他灾害事故现场的道路、消防水源、建筑物等信息； ④ 检索显示消防实力、灭火救援装备器材、灭火剂、消防警力、灭火救援有关单位等分布信息； ⑤ 显示消防车辆到达现场的最佳行车路线、行车距离和时间
2	跨区域调度指挥子系统和现场指挥子系统	与跨区域调度指挥子系统和现场指挥子系统关联应用，并显示下列内容： ① 定位显示火灾及其他灾害事故现场的地理位置； ② 显示火灾及其他灾害事故现场的道路、消防水源、建筑物、消防力量部署等信息； ③ 检索显示消防实力、灭火救援装备器材、灭火剂、消防警力、灭火救援有关单位等分布信息； ④ 显示消防车辆到达现场的最佳行车路线、行车距离和时间
3	消防车辆管理子系统	与消防车辆管理子系统关联应用，并显示出动消防车辆的实时位置和动态轨迹
4	消防指挥决策支持子系统	与消防指挥决策支持子系统关联应用，标绘火灾及其他灾害事故影响的范围及趋势、灭火救援态势、灾害临时处置方案、灭火救援作战部署等
5	消防图像管理子系统	与消防图像管理子系统关联应用，定位显示各类信息采集点的分布信息

（2）地理信息的采集和使用功能

地理信息的采集和使用应符合国家现行有关标准的规定，具体内容及使用要求见表 6-11。

表6-11　地理信息的采集和使用要求

序号	信息类别	内容说明
1	地图数据	① 基础信息，包括行政区、建筑物、道路、水系、地形、植被等信息； ② 消防涉及的信息，包括人员、案（事）件、公共场所、城市交通、门牌号码、单位、公共基础设施等信息； ③ 消防专业信息，包括消防水源、消防站、消防企业、消防安全重点单位、重大危险源、灭火救援有关单位等信息
2	地形图数据	① 在全国范围内宜采用不低于1∶250000的地形图数据； ② 在省（自治区、直辖市）范围内宜采用不低于1∶50000的地形图数据； ③ 在市区范围内宜采用不低于1∶2000的地形图数据； ④ 在郊区、农村范围宜采用不低于1∶10000的地形图数据

（3）地图数据显示控制功能

消防地理信息子系统的地图数据显示控制功能应符合下列要求：

① 地图数据的显示内容包括街路的名称、起点、终点、级别、长度、宽度，交叉路口，路面情况等；

② 广域消防地图显示行政区及道路、消防水源、消防站分布等信息；

③ 接警消防地图显示消防站辖区及道路、消防水源、消防安全重点单位等信息；

④ 灭火战区地图显示以火灾及其他灾害事故地点为中心的作战区域及道路、消防水源、建筑物、消防力量部署等相关信息；

⑤ 具有地图的放大、缩小、平移、漫游等功能；

⑥ 能注记显示地图要素代表的符号和文字；

⑦ 按显示范围和比例尺，自动切换图层或区域；

⑧ 支持影像图叠加显示功能。

（4）地址匹配分析与定位功能

消防地理信息子系统的地址匹配分析与定位功能应符合下列要求：

① 可设定组合条件进行模糊查询；

② 可根据道路、小区、单位、水源、消火栓、消防站的名称或地址等在地图上进行精确或模糊定位。

（5）量测分析功能

消防地理信息子系统的量测分析功能应符合下列要求：

① 可对道路、消防水源、建筑物等目标进行距离测量；

② 可对道路、消防水源、建筑物等目标进行面积测量；

③ 可对指定的目标集合中的地理目标进行周边分析；

④ 具有最佳行车路径分析功能。

（6）制图输出功能

消防地理信息子系统的制图输出功能应符合下列要求：

① 可制作地图输出模板并予以存储；

② 可设置地图的图廓、标题、图例、指北针、比例尺等各种地图要素；

③ 可提供点、线、面和文字等地图标注工具；

④ 可打印输出地图；

⑤ 可将地图以网络方式发布。

6.4.10　消防信息显示子系统

（1）消防信息显示子系统显示的信息

消防信息显示子系统应能接入和集中控制管理下列内容：

① 辖区消防队（站）的值班信息；

② 辖区消防车辆类型、数量、出动、到场、执勤、检修等状态；

③ 日期、时钟；

④ 当前天气、温度、湿度、风向、风力；

⑤ 当前火灾及其他灾害事故信息；

⑥ 灭火救援统计数据；

⑦ 以上信息的图像信息；

⑧ 火警受理、调度指挥、现场指挥等业务应用系统的信息。

（2）消防信息显示子系统的切换控制功能

消防信息显示子系统的切换控制功能应符合下列要求：

① 可控制视频信息的显示以及音频的播放；

② 具有多种组合显示模式，能切换不同模式；

③ 具有多个视频图像和计算机画面的同屏混合显示功能；

④ 可通过网络进行远程切换控制；

⑤ 具有交互式电子白板功能。

（3）消防信息显示子系统的软硬件设备

消防信息显示子系统的软硬件设备应符合国家现行有关标准的规定。

消防信息显示子系统的软硬件设备的技术性能应符合下列要求：

① 能支持从 640px×480px 到 1600px×1200px 的各种分辨率信号；

② 屏幕亮度能适应高照度环境，亮度均匀性大于 90%；

③ 屏幕水平视角为 180°，垂直视角不小于 80°；

④ 能支持 TCP/IP，网络接口应为 10Mbit/s 或 100Mbit/s 以太网；

⑤ 具有模块式结构，易于检修；

⑥ 大屏幕投影组合墙的拼缝间隙不大于 1mm；

⑦ 采用全中文图形界面，操作控制简单。

6.4.11　消防有线通信子系统

（1）消防有线通信子系统对线路的要求

消防有线通信子系统应包括火警电话呼入线路、火警调度专用通信线路、日常联络通信线路，具体要求见表 6-12。

表6-12　消防有线通信子系统对线路的要求

序号	类别	要求
1	火警电话呼入线路	① 具有与城市公用电话网相连的语音通信线路； ② 具有与专用电话网相连的语音通信线路； ③ 具有与城市消防远程监控系统报警终端相连的语音、数据通信线路； ④ 具有查询固定报警电话装机地址和移动报警电话定位信息的数据通信线路
2	火警调度专用通信线路	① 具有连通上级消防应急指挥中心的语音、数据、图像通信线路； ② 具有连通辖区消防站的语音、数据、图像通信线路； ③ 具有连通消防应急指挥中心和政府相关部门的语音、数据通信线路； ④ 具有连通供水、供电、供气、医疗、交通、环卫等灭火救援有关单位的语音通信线路
3	日常联络通信线路	① 具有内部电话通信线路； ② 具有对外联络电话通信线路； ③ 具有应急专网电话通信线路

火警调度语音专线和数据专线宜采用直达专线的形式，数据专线带宽不应小于 2Mbit/s。

（2）与城市公用电话网相连的火警电话中继

与城市公用电话网相连的火警电话中继应符合下列要求：

① 中等以上城市宜采用数字中继方式接入本地电话网，小城市可根据本地电

话网的情况采用数字中继方式或模拟中继方式接入本地电话网；

② 火警电话中继线路应采用双路由方式与城市公用电话网相连；

③ 采用数字中继方式入网时，应具有火警应急接警电话线路；

④ 火警电话呼入应设置为被叫控制方式；

⑤ 本地电话网应在火警电话呼叫接续过程中提供主叫电话号码；

⑥ 本地电话网应提供主叫电话用户信息（用户名称和装机地址等），通过专用数据传输线路在火警应答后的 5s 内将其送达火警受理终端。

各类火警电话中继线路的数量应符合表 6-13 的规定。

表6-13 城市火警电话中继线路数量

中继数量 入网方式 类别	数字中继	模拟中继	火警应急接警电话线路
特大城市	不少于8个PCM基群	—	不少于8路
大城市	不少于4个PCM基群	—	不少于1路
中等城市	不少于2个PCM基群	每个电话端（支）局不少于2路	不少于2路
小城市	不少于1个PCM基群	每个电话端（支）局不少于2路	不少于2路
独立接警的县级城市	—	每个电话端（支）局不少于2路	—

注："类别"栏内的城市规模根据国家有关城市规划分标准和城市的规划情况确定；
PCM（Pulse Code Modulation，脉冲编码调制）。

（3）接警调度程控交换机

接警调度程控交换机应符合下列要求：

① 提供计算机与电话集成接口；

② 具有基本呼叫接续功能，能对公网、专网电话进行呼叫接续和转接；

③ 具有双向通话的组呼功能，组呼用户数不应少于 8 方，能实现任一方的加入和拆除；

④ 具有实现广播会议电话的功能，会议方不应少于 16 方，能实现任一方的加入和拆除；

⑤ 轮询呼叫预先设置的多个电话；

⑥ 具有监听、强插、强拆和挂机回叫功能；

⑦ 能在坐席间相互转接，完成呼叫转接、代接功能，在此过程中呼叫数据同步转移；

⑧ 具有话务统计功能，能统计呼入次数、接通次数、排队次数、早释次数和平均通话时长等数据；

⑨ 电话报警接续中具有第 4 位拦截功能；

⑩ 接收通信网局间信令中传送的报警电话号码。

（4）火警电话呼入的安排

火警电话呼入的安排如图 6-11 所示。

火警电话呼入的排队方式

火警电话呼入的排队方式应符合下列要求：

①坐席全忙时应能将火警电话呼入排队，并向排队用户发送语音提示或回铃音；

②重点单位报警可优先分配；

③不同局向的报警呼入可优先分配；

④坐席人员离席时可不分配火警电话呼入

火警电话呼入时的坐席分配

火警电话呼入时的坐席分配可采用下列方式：

①按顺序依次循环向各坐席分配；

②按设定的固定顺序依次分配；

③优先分配空闲时间最长的坐席；

④向一组坐席同时分配报警呼叫，先应答者接听；

⑤根据坐席业务类型和技能等级分配

图6-11　火警电话呼入的安排

6.4.12　消防无线通信子系统

（1）城市消防无线通信子系统的组成

城市消防无线通信子系统的组成如图 6-12 所示。

（2）消防无线通信子系统的基本要求

消防无线通信子系统应符合下列要求：

① 可设置独立的消防专用无线通信网，并在系统中设置消防调度台和一定数量的独立编队（通话组），建立灭火救援调度指挥网；

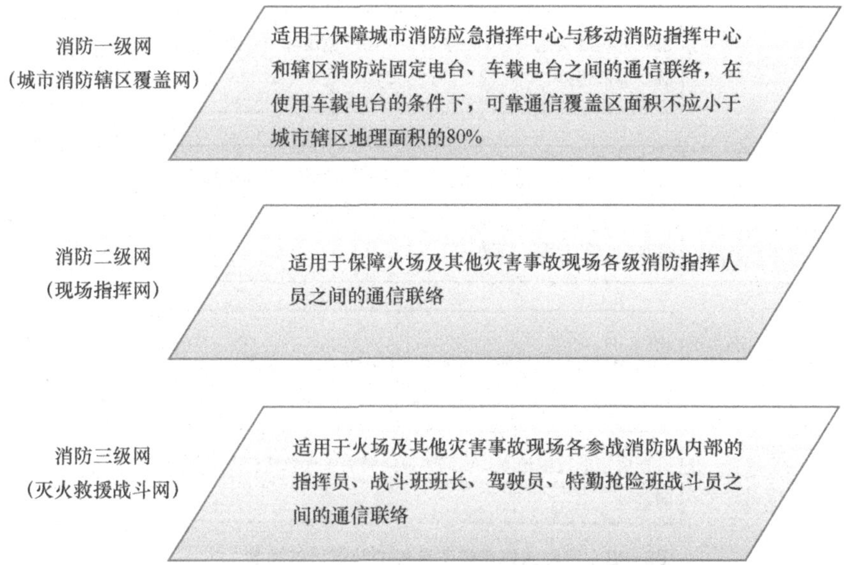

消防一级网
（城市消防辖区覆盖网）

适用于保障城市消防应急指挥中心与移动消防指挥中心和辖区消防站固定电台、车载电台之间的通信联络，在使用车载电台的条件下，可靠通信覆盖区面积不应小于城市辖区地理面积的80%

消防二级网
（现场指挥网）

适用于保障火场及其他灾害事故现场各级消防指挥人员之间的通信联络

消防三级网
（灭火救援战斗网）

适用于火场及其他灾害事故现场各参战消防队内部的指挥员、战斗班班长、驾驶员、特勤抢险班战斗员之间的通信联络

图6-12 城市消防无线通信子系统的组成

② 省（自治区、直辖市）消防无线通信子系统具有跨区域联合作战指挥通信的能力，地区（州）消防无线通信子系统具有全地区（州）灭火救援指挥通信的能力；

③ 能保障城市消防辖区覆盖通信、现场指挥通信、灭火救援战斗通信的畅通；

④ 在发生大范围通信中断时，可通过卫星电话、短波电台等设备，提供应急通信保障；

⑤ 与地方专职消防队等其他灭火救援力量在灾害事故现场协同通信时，可临时为参战指挥人员配发无线电台，参战队员数量很大时，可另行组建现场协同通信网；

⑥ 在参与灭火救援联合作战时，能保持独立的消防通信体系，消防指挥人员（联络员）负责现场全面指挥单位的通信网；

⑦ 在无线电通信盲区，可通过移动通信基站，采用通信中继等方式，保证无线通信不间断；

⑧ 在地铁、隧道、地下室等地下空间内，可采用地下无线中继等方式实现无线通信。

（3）消防无线通信子系统的数据通信功能

消防无线通信子系统的数据通信功能应符合图 6-13 的要求。

1　建立火场及其他灾害事故现场与消防应急指挥中心的移动数据通信线路

2　在火场及其他灾害事故现场能实现情报信息、火灾及其他灾害事故处置方案、现场灭火救援行动方案、指挥决策数据等信息的查询、传输

3　通过公网进行数据通信时应具有移动接入安全措施

4　数据通信的传输速率、误码率等能满足灭火救援作战指挥的需求

图6-13　消防无线通信子系统的数据通信功能

（4）消防无线通信子系统的工作频率

消防无线通信子系统的工作频率应符合图 6-14 的要求。

1　充分利用消防专用频率组网

2　根据需求和当地情况申请背景噪声小、传输特性好、不与民用大功率发射设备同频段的民用频率

3　消防跨区域联合作战通信专用频点不得设置任何控制信令

4　每个消防站配备一个专用信道，或通过无支援关系的消防站的频率复用，每个消防站具有一个专用信道

5　无线电台的预置信道数量不应小于16个

图6-14　消防无线通信子系统的工作频率需达到的要求

（5）消防无线通信子系统的设备的工作环境

消防无线通信子系统的设备的工作环境应符合图 6-15 的要求。

1 发射机的最大输出功率、固定天线的架设高度应符合当地无线电管理部门的规定

2 城市消防应急指挥中心建筑物周边200m内，不宜有大功率无线发射设备和能产生强电磁场的电气设备

3 通信基站应有防雷与接地设施

图6-15 消防无线通信子系统的设备的工作环境应符合的要求

（6）消防无线通信子系统的通信天线杆塔的架设

消防无线通信子系统的通信天线杆塔的架设应符合图 6-16 的要求。

1 城市消防应急指挥中心设置永久性无线通信天线杆塔，距离城市消防应急指挥中心较远的消防站也设置永久性天线杆塔

2 通信天线杆塔的天线平台的设置高度不低于1.20m的栏杆，塔身设检修爬梯和安全护栏，塔身较高时加设休息平台

3 通信天线杆塔的设计应按照永久荷载、可变荷载和偶然荷载最不利的组合考虑

图6-16 消防无线通信子系统的通信天线杆塔的架设应符合的要求

6.4.13 消防卫星通信子系统

（1）基本功能

消防卫星通信子系统的基本功能应符合下列要求：

① 根据需求设置固定卫星站、移动（车载、便携）卫星站，建立与消防应急指挥中心点对点的通信；

② 与地面有线和无线通信网络相结合，互为补充；

③ 具有双向通信能力，能以透明方式实现语音、数据、图像等传输；

④ 提供以太网接口，能连接各种通信终端设备，传输符合 TCP/IP 的信息；

⑤ 数据通信速率满足业务需求，并具有动态按需分配带宽的功能；

⑥ 卫星站应具备电动捕星或快速自动捕星（程序引导）的功能；

⑦ 移动卫星站架设和开通时间不应大于 15min。

（2）传输质量

消防卫星通信子系统的传输质量应符合下列要求：

① 语音传输速率不小于 8kbit/s；

② 数据传输速率不小于 64kbit/s；

③ 图像传输速率不小于 384kbit/s。

消防卫星通信子系统应采用 Ku 频段卫星转发器。

消防卫星通信子系统的建站和使用应符合国家有关法律、法规，卫星通信设备应具有国家主管部门颁发的产品许可证。

6.5 消防应急指挥系统的基础环境要求

6.5.1 计算机通信网络

（1）计算机通信网络的应用环境

计算机通信网络为消防应急指挥系统的各项业务提供基础的网上应用环境，其应达到的要求为：

① 宜为交换式快速以太网；

② 宜采用星形拓扑结构；

③ 局域网主干网络线路速率不应低于 1000Mbit/s，到各终端计算机网络接口的速率不应低于 100Mbit/s；

④ 根据系统内的不同组成部分的功能及数据处理流向适当划分虚拟局域网。

（2）计算机通信网络的性能要求

计算机通信网络是消防应急指挥系统的基础和支撑，网络性能应保障各级消防指挥层次的火警受理和调度指挥，现场指挥的语音、数据和图像等多种业务的应用。

计算机通信网络性能应符合下列要求：

① 满足语音、数据和图像多业务应用的需求；

② 具有全网统一的安全策略、服务质量（Quality of Service，QoS）策略、流量管理策略和系统管理策略；

③ 保证各类业务数据流的高效传输，时效性强，时延低；

④ 具有良好的扩展性能，能支持未来的扩充需求。

6.5.2 供电

（1）供电要求

稳定可靠的供电电源是消防应急指挥系统安全可靠运行的重要基础条件。系统的供电应符合下列要求：

① 消防应急指挥中心的供电应按一级负荷设计；

② 省（自治区、直辖市）大中型城市消防应急指挥中心的主电源应由两个稳定可靠的独立电源供电，并设置应急电源，其他城市消防应急指挥中心的主电源不低于两回路供电；

③ 系统配电线路与其他配电线路分开，并在最末一级配电箱处设置自动切换装置；

④ 系统由市电直接供电时，电源电压变动、频率变化及波形失真率应符合表6-14的规定，超出此规定时，应加设调压设备；

表6-14 计算机电源电能质量参数

项目 \ 参数 \ 级别	A级	B级	C级
稳态电压偏移范围	±5%	±10%	−13%～7%
稳态频率偏移范围（Hz）	±0.2	±0.5	±1.0
电压波形畸变率	5%	7%	10%
允许断电持续时间（ms）	0～4	4～200	200～1500

⑤ 通信设备的直流供电系统由整流配电设备和蓄电池组组成，采用分散或集中供电方式供电，其中整流设备应采用开关电源，蓄电池应采用阀控式密封铅酸蓄电池；

⑥ 通信设备的直流供电系统采用在线充电方式达到全浮充制运行，直流基础电源电压应为 −48V，基础电源电压变动范围和杂音电压要求应符合表6-15的规定；

177

表6-15　基础电源电压变动范围和杂音电压要求

电压（V）	电信设备受电端子上电压变动范围（V）	电源杂音电压		
		衡重杂音（mY）	峰—峰值杂音	
			频段（kHz）	指标（mV）
-48	-40～-57	≤2	0～20	≤200

⑦ 系统供电线路导线采用经阻燃处理的铜芯电缆，交流中性线采用与相线截面相等的同类型的电缆；

⑧ 系统配备的发电机组具有自动投入功能；

⑨ 消防站设置通信专用交流配电箱，其电源容量不小于 5kVA。

（2）不间断电源（Uninterruptible Power Supply，UPS）的要求

UPS 供电可采用集中和分散两种供电方式。UPS 电源应符合下列要求：

① 具有不间断和无瞬变要求的交流供电设备宜采用 UPS 电源；

② 接警、调度系统采用在线式 UPS 电源供电时，在外部市电断电后应能保证所有设备的正常供电时间不短于 12h；有后备发电系统时，不间断电源保证正常供电时间不短于 2h。

6.5.3　防雷与接地

（1）接地技术要求

消防应急指挥系统的接地采用联合接地方式。

消防应急指挥系统的雷电防护应符合现行国家标准 GB 50343—2012《建筑物电子信息系统防雷技术规范》的有关规定。

消防应急指挥系统的接地应符合下列要求。

① 机房交流功能接地、保护接地、直流功能接地、防雷接地等各种接地宜共用接地网，接地电阻应按其中的最小值设置。

② 当接地采用分设方式时，各接地系统的接地电阻应按设备要求的最小值设置。

③ 建筑防雷接地电阻不大于 10Ω。

④ 机房内做等电位联结，并设置等电位联结端子箱；工作频率小于 30kHz 且设备数量较少的机房，可采用单点接地方式；工作频率大于 300kHz 且设备数量较多的机房，可采用多点接地的方式。

⑤ 机房内应设接地干线和接地端子箱。

⑥ 当各系统共用接地网时，各系统分别采用接地导体与接地网连接的形式。

（2）共用接地系统

共用接地系统中的接地体、接地引入线、接地总汇集线和接地线应符合下列要求：

① 接地系统中的垂直接地体采用长度不小于 2.5m 的镀锌钢材，接地体上端距地面的距离不小于 0.7m；

② 接地引入线宜采用 40mm×4mm 或 50mm×5mm 的镀锌扁钢，长度不超过 30m；

③ 接地总汇集线采用截面积不小于 160mm^2 的铜排或相同电阻值的镀锌扁钢；

④ 接地线不得使用铝材，一般设备（机架）的接地线应使用截面积不小于 16mm^2 的多股铜线。

6.5.4　综合布线

消防应急指挥系统的综合布线应符合现行国家标准 GB 50311—2016《综合布线系统工程设计规范》的有关规定。

控制线路及通信线路在暗敷设时，采用金属管或经阻燃处理的硬质塑料管保护，并敷设在不燃烧体的结构层内，其保护层厚度不宜少于 30mm；在明敷设时，采用金属管或金属线槽保护，并在金属管或金属线槽上采取防火保护措施。

控制及通信线路垂直干线应通过电缆竖井敷设，并与强电线路的电缆竖井分开。

6.5.5　设备用房

消防应急指挥系统的设备用房应符合现行国家标准 GB/T 2887—2011《计算机场地通用规范》和 GB 50174—2016《电子信息系统机房设计规范》的有关规定。

（1）设备用房面积

消防应急指挥系统的设备用房面积应符合下列要求：

① 消防应急指挥中心通信室和指挥室的总建筑面积不小于 150m^2；

② 普通消防站的面积不小于 30m^2，特种消防站的面积不小于 40m^2。

（2）设备用房的净高要求

消防应急指挥中心和消防站的设备用房的净高应符合表6-16的规定。

表6-16　设备用房的净高要求

设备用房			房屋净高（m）
消防应急指挥中心	接警调度大厅	标准结构	≥3.0
		两层通高结构	≥7.0
	指挥室		≥3.0
消防站	通信室		≥3.0

（3）设备用房的荷载要求

设备用房的荷载应符合表6-17的规定。

表6-17　设备用房的荷载要求

房间名称	楼、地面等效均布荷载（kN/m²）
电力、电池室	4.5（电池容量<200Ah时）
	6.0（电池容量为200Ah～400Ah时）
	10.0（电池容量≥400Ah时）
普通设备机房	≥4.5
电话、电视会议室	≥3.0

（4）室内温度、相对湿度的要求

消防应急指挥中心的室内温度、相对湿度应符合表6-18的规定。

表6-18　消防应急指挥中心的室内温度、相对湿度的要求

名称	温度（℃）		相对湿度	
	长期工作条件	短期工作条件	长期工作条件	短期工作条件
指挥中心通信机房	18～25	15～30	45%～65%	40%～70%
指挥中心指挥室	15～30	10～35	40%～70%	30%～80%
消防站通信室	15～30	10～35	30%～80%	20%～90%

（5）机房防静电的要求

消防应急指挥中心机房防静电应符合下列要求。

① 机房地面及工作面的静电泄漏电阻应符合现行国家标准 GB/T 2887—2011《计算机场地通用规范》的规定。

② 机房内绝缘体的静电电位不大于 1kV。

③ 机房不用活动地板时，可铺设导静电地面；导静电地面可采用导电胶与建筑地面粘牢，导静电地面的电阻率应为 $1.0 \times 10^{7} \Omega \cdot cm \sim 1.0 \times 10^{10} \Omega \cdot cm$，其导电性能应长期稳定且材料不易起尘。

④ 机房内采用的活动地板可由钢、铝或其他有足够机械强度的难燃材料制成，活动地板表面应采用导静电材料，不得暴露金属部分。

（6）设备用房照度

消防应急指挥中心和消防站的设备用房照度应符合下列要求：

① 距地板面 0.75m 的水平工作面为 200lx ～ 500lx；

② 距地板面 1.40m 的垂直工作面为 50lx ～ 200lx。

（7）机房设备的布置要求

消防应急指挥中心机房设备的布置应符合下列要求：

① 机房设备根据系统配置及管理需要分区布置，当几个系统合用机房时，应按功能分区布置；

② 地震基本烈度为 7 度及以上地区，机房设备的安装应采取抗震措施；

③ 墙挂式设备的中心距地面高度为 1.5m，侧面距墙的距离不超过 0.5m。

（8）机房内设备的间距和通道要求

消防应急指挥中心机房内设备的间距和通道应符合下列要求：

① 机柜正面相对排列时，其净距离不少于 1.5m；

② 背后开门的设备，背面距墙面的距离不少于 0.8m；

③ 机柜侧面距墙的距离不少于 0.5m，机柜侧面距其他设备的净距离不少于 0.8m，当需要维修测试时，机柜侧面距墙的距离不少于 1.2m；

④ 并排布置的设备总长度大于 4m 时，两侧均设置通道；

⑤ 机房内通道的净宽不少于 1.2m。

（9）电磁场干扰的防范要求

消防应急指挥中心和消防站的设备用房应避开强电磁场的干扰，或采取有效的电磁屏蔽措施。室内电磁干扰场强在频率为 1MHz ～ 1GHz 时，电场强度应不大于 10V/m。

6.6 消防应急指挥系统的
通用设备和软件要求

6.6.1 通用设备

消防应急指挥系统中的通用设备应符合下列规定：

① 计算机、输入设备、输出设备、数据存储与数据备份设备以及不间断电源等硬件设备应为通过国家强制性产品质量认证的产品；

② 电信终端设备、无线通信设备、卫星通信设备和涉及网间互联的网络设备等产品应具有国家主管部门颁发的进网许可证；

③ 开关插座、接线端子（盒）、电线电缆、线槽桥架等电器材料应采用符合国家现行有关标准的产品，实行生产许可证或安全认证制度的产品应具有许可证编号或安全认证标志。

6.6.2 软件

消防应急指挥系统的大部分功能由软件来完成。

① 消防应急指挥系统使用的系统软件、平台软件应具有软件使用（授权）许可证，可实现消防应急指挥系统与其他系统的互联互通、数据共享。

② 专业应用软件应具有安装程序和程序结构说明、安装使用维护手册等技术文件，这些技术文件是消防通信系统建设和维护管理的重要保证。

③ 专业应用软件由国家相关产品质量监督检验或软件评测机构按照有关标准的技术要求检测，可保证用户应用信息系统、接口等专业应用软件的质量。

④ 人—机界面的设计应体现操作过程简单方便的特征，符合实战要求。

6.7　消防应急指挥系统的设备配置要求

6.7.1　消防应急指挥中心系统的设备配置

（1）国家、省（自治区、直辖市）、地区（州）消防应急指挥中心系统的设备配置

国家、省（自治区、直辖市）、地区（州）消防应急指挥中心系统的设备配置应符合表6-19的规定。

表6-19　消防应急指挥中心系统的设备配置

序号	设备名称	配置	
		国家、省（自治区、直辖市）	地区（州）
1	调度指挥终端	≥2套	≥2套
2	指挥信息管理终端	3台	2台
3	电话机	≥3部	≥3部
4	打印、传真机	1台	1台
5	无线一级网固定电台	≥2台	≥2台
6	大屏幕显示设备	1套	1套
7	指挥大厅音响设备	1套	1套
8	火警广播设备	1套	1套
9	指挥会议设备	1套	1套
10	视频设备	1套	1套
11	集中控制设备	1套	选配
12	应用服务器	2台	2台
13	数据库服务器	2台	选配
14	综合业务服务器	2台	2台
15	数据存储设备	1套	1套

（续表）

序号	设备名称	配置	
		国家、省（自治区、直辖市）	地区（州）
16	录音设备	1台	1台
17	接警调度程控交换机	1台	1台
18	无线一级网通信基站	选配	选配
19	卫星固定站	1套	—
20	网络设备	1台	1台
21	网络安全设备	1套	1套
22	消防移动接入平台	1套	—
23	UPS电源	1台	1台
24	短波电台	选配	选配

注：①"配置"栏内标"选配"的表示可根据有关规定或实际需求选择配置；
　　②数据库服务器、数据存储设备、接警调度程控交换机、网络安全设备、消防移动接入平台是消防业务信息系统的共用设备；
　　③数据存储设备可根据有关规定或实际需求选择配置。

（2）城市消防应急指挥中心系统的设备配置

城市消防应急指挥中心系统的设备配置应符合表6-20的规定。

表6-20　城市消防应急指挥中心系统的设备配置

序号	设备名称	配置		
		Ⅰ类	Ⅱ类	Ⅲ类
1	火警受理终端（或接警终端和调度终端）	≥4套	≥2套	2套
2	指挥信息管理终端	3台	2台	1台
3	电话机	≥5部	≥3部	≥2部
4	打印、传真机	1台	1台	1台
5	无线一级网固定电台	≥2台	≥2台	1台
6	大屏幕显示设备	1套	1套	1套
7	指挥大厅音响设备	1套	1套	选配
8	火警广播设备	1套	1套	选配
9	指挥会议设备	1套	1套	选配
10	视频设备	1套	选配	选配
11	集中控制设备	1套	选配	—

（续表）

序号	设备名称	配置		
		Ⅰ类	Ⅱ类	Ⅲ类
12	应用服务器	2台	2台	1台
13	数据库服务器	2台	选配	选配
14	综合业务服务器	2台	2台	选配
15	数据存储设备	1套	1套	选配
16	录音设备	1台	1台	1台
17	接警调度程控交换机	1台	1台	选配
18	无线一级网通信基站	选配	选配	选配
19	卫星固定站	1套	—	—
20	网络设备	1台	1台	1台
21	网络安全设备	1套	1套	选配
22	通信组网管理设备	选配	选配	选配
23	不间断电源	1台	1台	1台
24	短波电台	选配	选配	

注：①自治区（直辖市）、省会城市及国家计划单列市应按Ⅰ类标准配置；地级市应按Ⅱ类标准配置；县级市应按Ⅲ类标准配置；

②"配置"栏内标"选配"的，表示可根据有关规定或实际需求选择配置；

③数据库服务器、数据存储设备、接警调度程控交换机、网络安全设备是消防业务信息系统的共用设备。

6.7.2 移动消防指挥中心系统的设备配置

以船舶等为载体的移动消防指挥中心以及独立方舱式移动消防指挥中心系统的设备配置可参照 GB50313—2013《消防应急指挥系统设计规范》。以车辆为载体的移动消防指挥中心按选用的车辆划分可分为大型、中型、小型，按实现的主要功能可分为综合型、作战指挥室型。

（1）综合型移动消防指挥中心系统

综合型移动消防指挥中心系统的设备由现场通信组网设备、现场指挥设备、现场情报信息设备、指挥通信室设备、供配电保障设备、空调等环境保障设备、照明保障设备、饮水等生活保障设备、装载车辆等设备单元构成。

（2）作战指挥室型移动消防指挥中心系统

作战指挥室型移动消防指挥中心系统由现场通信组网设备（或利用其他通信保障车的现场通信组网设备）、现场指挥设备、现场情报信息设备、作战指挥室设

备、通信控制室设备、附属卫生间设备、供配电保障设备、空调等环境保障设备、照明保障设备、饮水和食物冷藏等生活保障设备、装载车辆等设备单元构成。

（3）以车辆为载体的移动消防指挥中心系统

以车辆为载体的移动消防指挥中心系统的设备配置应符合表6-21的规定。

表6-21　以车辆为载体的移动消防指挥中心系统的设备配置

项目	设备名称	配置		
		I类	II类	III类
通信组网	电话交换设备	1套	选配	—
	电话机	≥5部	选配	—
	车外广播扩音设备	1套	1套	选配
	无线一级网移动通信基站	选配	选配	—
	无线一级网车载电台	≥1部	≥1部	≥1部
	无线二级网手持电台	≥5部	≥5部	≥2部
	无线地下中继设备	选配	选配	—
	无线数据网设备	选配	选配	—
	无线图像传输设备	≥1套	1套	1套
	短波电台	1套	选配	—
	移动卫星站	1套	选配	—
	卫星电话终端	≥2部	≥1部	—
	网络交换机	1套	1套	—
	紧急信号发送设备	1套	1套	1套
	通信组网管理设备	1套	选配	—
指挥通信与情报信息	现场指挥终端	≥1套	≥1套	—
	便携式计算机	≥1台	≥1台	—
	便携式消防作战指挥平台	1套	1套	1套
	音视频编解码器	选配	选配	—
	音视频会议系统终端	1套	选配	—
	车内音响系统	1套	选配	—
	打印、复印、传真机	1台	选配	—
	现场图像采集设备	≥1台	≥1台	—
	气象采集设备	选配	选配	—
	标准时钟	1套	1套	—
	显示控制设备	1套	1套	—
	音视频存储设备	1套	1套	—

（续表）

项目	设备名称	配置		
		Ⅰ类	Ⅱ类	Ⅲ类
装载体	定制车厢	选配	选配	—
	会议桌、椅	选配	选配	—
	现场指挥终端、通信机柜等	1套	1套	—
	储物柜	选配	选配	—
	外接口面板仓和接口	1套	1套	—
	升降杆	选配	选配	—
	电缆盘、盘架、线缆	选配	选配	—
	综合布线系统	1套	1套	—
	行车设备	选配	选配	选配
	警示设备	1套	1套	1套
保障设备	供电设备	1套	1套	—
	配电盘柜	1套	1套	—
	隔离变压器	1台	1台	—
	不间断电源	1台	1台	—
	驻车空调	1台	选配	—
	车内照明	1套	选配	—
	车外照明	选配	选配	—
	卫生间设备	选配	选配	—
	饮用水设备	选配	选配	—
	食品加热设备	选配	选配	—
	食品冷藏设备	选配	选配	—

注：①自治区（直辖市）、省会城市及国家计划单列市应按Ⅰ类标准配置；地级市应按Ⅱ类标准配置；县级市应按Ⅲ类标准配置；
②"配置"栏内标"选配"的，表示可根据有关规定或实际需求选择配置。

6.7.3　消防站系统的设备配置

消防站系统的设备配置应符合表6-22的规定。

表6-22　消防站系统的设备配置

序号	设备名称	配置
1	消防站火警终端	1台
2	电话机	≥1部
3	打印、传真机	1台
4	无线一级网固定电台	1台
5	无线一级网车载台	1部/车
6	无线二级网手持台	≥2部
7	无线三级网手持台	1部/人
8	紧急信号接收机	1部/人
9	火警广播设备	1套
10	录音设备	1台
11	联动控制设备	1台
12	视频监控设备	选配
13	指挥会议设备	1套
14	网络设备	1套
15	UPS电源	1台
16	车载终端	1套

注：①"配置"栏内标"选配"的，表示可根据有关规定或实际需求选择配置；

②网络设备、指挥会议设备、视频监控设备是消防业务信息系统的共用设备。

参 考 文 献

[1] 韩丹，吴大洪．物联网技术在消防信息化建设中的应用 [J]．消防科学与技术，2012 (3): 310-312.

[2] 李强．浅析大数据在消防领域中的应用 [J]．通讯世界，2014(19): 6-8.

[3] 卜先明．大数据在消防领域中的应用浅析 [J]．科技资讯，2015，13(19): 13-13.

[4] 何芯，苏昱，刘杰，董丽楠．大数据在城市消防中的运用探讨 [J]．消防界 (电子版)，2017 (3): 81-81.

[5] 陆军，沈亚飞等．浅析物联网技术在消防领域中的全新应用 [J]．消防技术与产品信息，2011（8）: 25-28.

[6] 张彪，张颖．大数据在消防领域中的研究 [J]．科技展望，2016，26 (15).

[7] 王伟．消防物联网大数据中心的架构设计及应用 [J]．消防技术与产品信息，2017 (8): 31-34.

[8] 虞利强，杨琦，黄鹏，龚晓鸣，朱赞庆．基于物联网技术的消防给水监测系统构建 [J]．消防科学与技术，2017，36 (7): 971-973.

[9] 储佳．大数据在消防工作中的探索与思考 [J]．移动信息，2017 (1): 81-83.

[10] 王忠伟．GIS 技术在消防领域的应用 [J]．硅谷，2011 (10): 149-149.

[11] 杜琨，魏东．GIS 在消防领域中的应用探析 [J]．中国公共安全 (学术版)，2015 (1): 70-74.

[12] 彭胜利，陈新全．虚拟现实技术在消防战训工作中的应用 [J]．地球，2017 (9): 97-97.

[13] 王云鹏．虚拟现实技术在消防战训工作中的应用探讨 [J]．消防界，2016(9): 32-32.

[14] 付丽秋．虚拟现实技术在灭火救援模拟实验中的应用 [J]．实验技术与管理，2015 (4): 130-132.

[15] 罗昊．虚拟现实技术在消防工作中的应用 [J]．电子技术与软件工程，2016(23): 153-153.

[16] 宋群．移动互联网下消防可视指挥系统建设 [J]．网络安全技术与应用，

2017(8): 154-154.

[17] 刘梦茜. 消防移动应急通信系统的规划及应用 [J]. 居业. 2017(7): 64-65.

[18] 刘昌伟. 消防移动应急通信系统的规划及应用 [J]. 通讯世界，2016 (5): 57-58.

[19] 刘梦茜. 消防部队卫星通信系统建设中若干问题的探讨 [J]. 消防界（电子版），2017 (4): 12-12.

[20] 杨浩程. 4G 移动通信技术在消防现场应急通信中的应用 [J]. 网络安全技术与应用，2014 (12): 25-25.

[21] 刘新科. 基于 4G 移动通信技术的消防应急指挥系统 [J]. 通讯世界，2015(16): 70-71.

[22] 李黎. 多维组合通信系统在消防通信保障中的应用 [J]. 消防界，2016(6): 156-158.

[23] 张钊，戎凯. 浅析数字化消防灭火求援预案系统设计与实现 [J]. 研究与探讨，2016(2): 224-225.

[24] 邱华. 数字化消防灭火救援预案系统设计与实现 [D]. 济南：山东大学, 2014.